宮沢賢治の地学読本

Kenji Miyazawa For Studying Earth Science

宮沢賢治 作
柴山元彦 編

創元社

はじめに

宮沢賢治の作品には科学に関係する言い回しや単語などが頻繁に登場する。中でも地学関連の表現は特に多い。地学といってもその関連分野は広く、地質学（岩石鉱物学を含む）、地震や火山などの地球科学系、気象学や天文宇宙科学にも及ぶ。賢治はこれらの分野の当時としての最先端の知識を取得し、さらにそれを自ら進化させていた。

賢治が生きた明治・大正時代は鎖国が終わり、西洋の科学が怒涛の如く押し寄せてきた時期でもあった。賢治は１８９６年（明治29）に生まれ１９３３年（昭和８）に亡くなったが、この頃は地学系科学の世界でもさまざまな革新が起こっている。例えば今日の気象庁の前身である東京気象台は１８７５年（明治８）に観測を開始、１８８７年（明治20）８月には中央気象台となり、全国での気象観測が始まった。地質分野においては１８７７年（明治10）の東京大学設立に伴って、初の地質学教室が置かれたし、１８９３年（明治26）には日本地質学会の前身である東京地質学会が設立された。また日本地震学会は１８８０年（明治13）、日本火山学会は１９３２年（昭和７）、日本天文学会は１９０８年（明治41）と、各種の地学系学会が次々に設立され、発展へと羽ばたいていった。このような時代にあって、賢治は盛岡高等農林学校時代に自然科学を学び、その後も東京と花巻や盛岡を行き来しつつ、新しい知識をさらに取得していったと思われる。

それから100年近く経ち、この間に科学は大きく発展したが、賢治が作品の中に残した科学的な表現は少しも色あせることなく、今日でも通用する内容とその先見性には驚かされる。本書では地学的な要素が強い賢治作品の中でもよく知られた5つの物語を選んで、簡潔な地学的解説を添え、これらの作品を理解し、いっそうよく味わうために補完したものである。

第1章「イギリス海岸」では地史、地質、化石の、第2章「楢ノ木大学士の野宿」では火山、鉱物、古生物、化石、地史の、第3章「グスコーブドリの伝記」では火山、地震、気象の、第4章「風野又三郎」では気象、特に大気の大循環について、第5章「土神ときつね」では天文と地質の知識と描写が見事に織り込まれている。本書を通して、賢治作品の奥深さを感じるとともに、地学の分野に興味を持っていただければ幸いである。

柴山元彦

目次

はじめに……2

第1章　イギリス海岸……7

コラム　北上川はかつて海だった？……32

第2章　楢ノ木大学士（ならのきだいがくし）の野宿……35

コラム　花こう岩の中から聞こえる、鉱物たちのいさかい……98

第3章　グスコーブドリの伝記……101

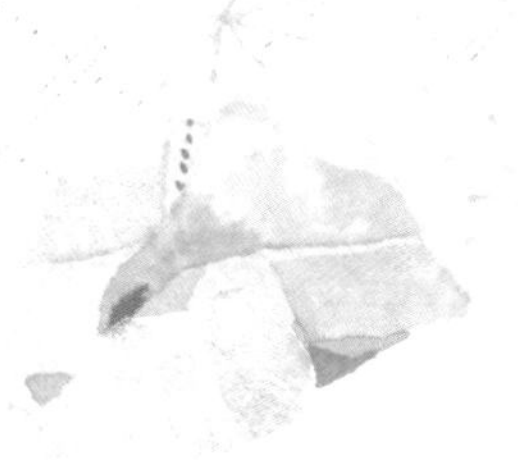

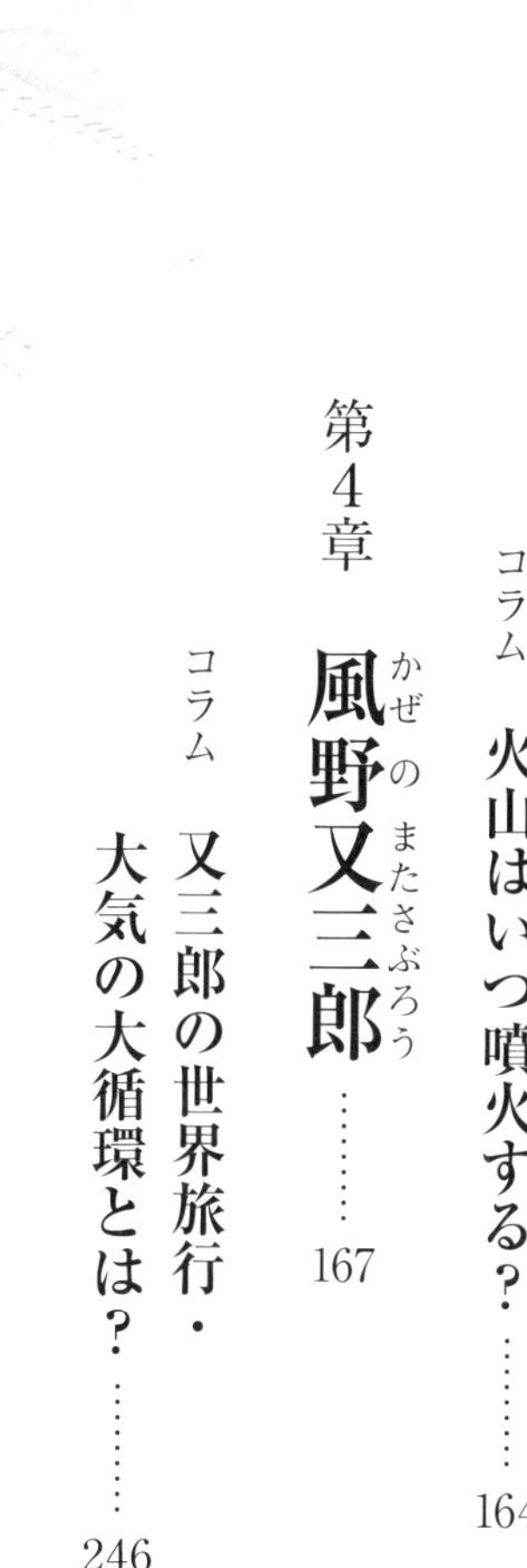

コラム　火山はいつ噴火する？……164

第4章　風野又三郎（かぜのまたさぶろう）……167

コラム　又三郎の世界旅行・大気の大循環とは？……246

第5章　土神（つちがみ）ときつね……249

コラム　星の一生……275

年表、地図……279

参考文献・ウェブサイト……283

おわりに……284

〈凡例〉

◆作品テキストについて

宮沢賢治作品の引用については、原則として岩波文庫『童話集　風の又三郎』、新潮文庫『ポラーノの広場』『注文の多い料理店』および、ちくま文庫『宮沢賢治全集』各巻に収録されているテキストを用いました。

ただし、本書では全文を現代仮名遣いに改め、適宜ルビや補足［　］、漢字・かな表記の変更等を加え、読者の便を図りました。

また、紙面の都合上、出典テキストにある一部の改行や注釈については割愛しました。

文中には、今日から見れば不適切とされる表現もありますが、著者がすでに故人であること等を鑑み、原文どおりとしました。

◆写真・図版について

特に出典記載のない写真・図版については著者が撮影あるいは監修して作成しました。

第1章

イギリス海岸

イギリス海岸

夏休みの十五日の農場実習の間に、私どもがイギリス海岸とあだ名をつけて、二日か三日ごと、仕事が一きりつくたびに、よく遊びに行った処がありました。

それは本とうは海岸ではなくて、いかにも海岸の風をした川の岸です。北上川の西岸でした。東の仙人峠から、遠野を通り土沢を過ぎ、北上山地を横截って来る冷たい猿ヶ石川の、北上川への落合から、少し下流の西岸でした。

イギリス海岸には、青白い凝灰質の[1]**泥岩**が、川に沿ってずいぶん広く露出し、その南のはじに立ちますと、北のはずれに居る人は、小指の先よりもっと小さく見えました。

殊にその[2]**泥岩層**は、川の水の増すたんび、奇麗に洗われるものですから、何とも云えず青白くさっぱりしていました。

所々には、水増しの時できた小さな[3]**壺穴**の痕や、またそれがいくつも続いた浅い溝、それから亜炭のかけらだの、枯れた蘆きれ

【1】泥岩
水底などで土砂が溜まってできる堆積岩の一種。堆積している堆積物の粒子の大きさの違いで、粗い物から礫岩、砂岩、泥岩に分けられる。凝灰質とは、構成物質の大部分が火山灰ということ。

【2】泥岩層
泥岩が広がっている地層。泥岩を構成する粒子は細かいため、水底に堆積する場合は岸から沖の方にまで運ばれ、水底に広がって堆積する傾向がある。

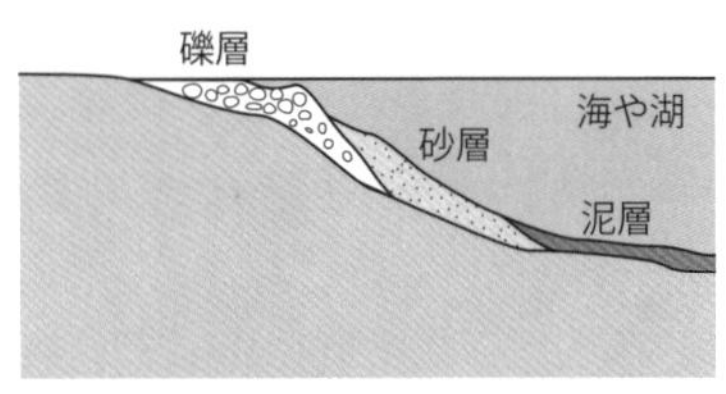

だのが、一列にならんでいて、前の水増しの時にどこまで水が上ったかもわかるのでした。

日が強く照るときは岩は乾いてまっ白に見え、たて横に走ったひび割れもあり、大きな帽子を冠ってその上をうつむいて歩くなら、影法師は黒く落ちましたし、全くもうイギリスあたりの白堊の海岸を歩いているような気がするのでした。

町の小学校でも石の巻の近くの海岸に十五日も生徒を連れて行きましたし、隣りの女学校でも臨海学校をはじめていました。

けれども私たちの学校ではそれはできなかったのです。ですから、生れるから北上の河谷の上流の方にばかり居た私たちにとっては、どうしてもその【4】**白い泥岩層**をイギリス海岸と呼びたかったのです。

それに実際そこを海岸と呼ぶことは、無法なことではなかったのです。なぜならそこは【5】**第三紀**と呼ばれる地質時代の終り頃、たしかにたびたび海の渚だったからでした。その証拠には、第一にその泥岩は、東の北上山地のへりから、西の中央分水嶺の麓まで、一枚の板のようになってずうっとひろがっていました。ただその大部

【章末コラム】

【3】壺穴
甌穴やポットホールと呼ばれる、河床の岩盤などが露出している表面にできるくぼみのこと。河床の岩盤の表面に割れ目などのわずかなくぼみがあると、そこに石が入り、水の流れでその石が回転し、くぼみをさらに掘り込んでいってできる。流れの方向によって、穴の形は円型や楕円型になる。

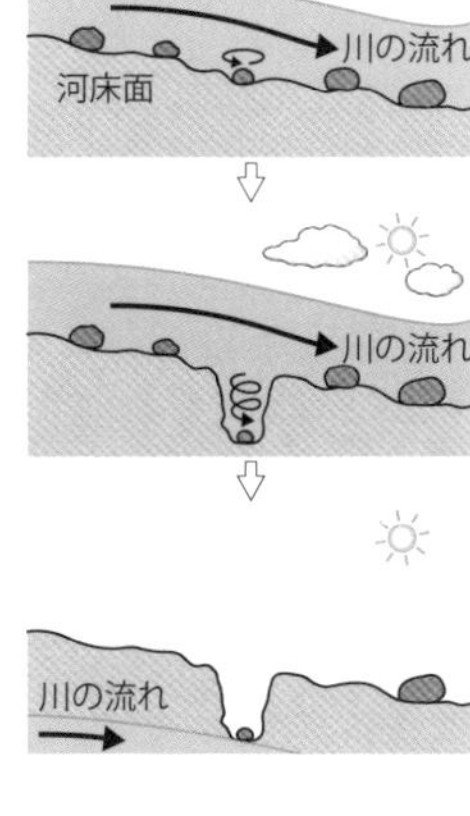

【4】白い泥岩層
北上川の河床に出ている泥岩層は、水に濡れている時は泥岩本来の暗灰色をしているが、水位が下がり表面が乾燥すると、白く見える。

分がその上に積った[6]洪積の赤砂利や[7]壚坶、それから[6]沖積の砂や[8]粘土や何かに被われて見えないだけのはなしでした。それはあちこちの川の岸や崖の脚には、きっとこの泥岩が顔を出しているのでもわかりましたし、また所々で掘り抜き井戸を穿ったりしますと、じきこの泥岩層にぶっつかるのでもしれました。

【ジオコラム】第二に、この泥岩は、粘土と[9]火山灰とまじったもので、しかもその大部分は静かな水の中で沈んだものなことは明らかでした。たとえばその岩には沈んでできた縞のあること、木の枝や茎のかけらの埋もれていること、ところどころにいろいろな沼地に生える植物が、もうよほど[10]炭化してはさまっていること、また山の近くには細かい砂利のあること、殊に北上山地のへりには所々この泥岩層の間に砂丘の痕らしいものがはさまっていることなどでした。そうしてみると、いま北上の平原になっている所は、一度は細長い幅三里ばかりの大きなたまり水だったのです。

【ジオコラム】ところが、第三に、そのたまり水が塩からかった証拠もあったのです。それはやはり北上山地のへりの赤砂利から、牡蠣や何か、

一方、イギリスのドーバー海峡に面した海岸は白い石灰岩の断崖で、賢治は北上川河岸をその白亜の海岸に見立てて「イギリス海岸」と名付けた。

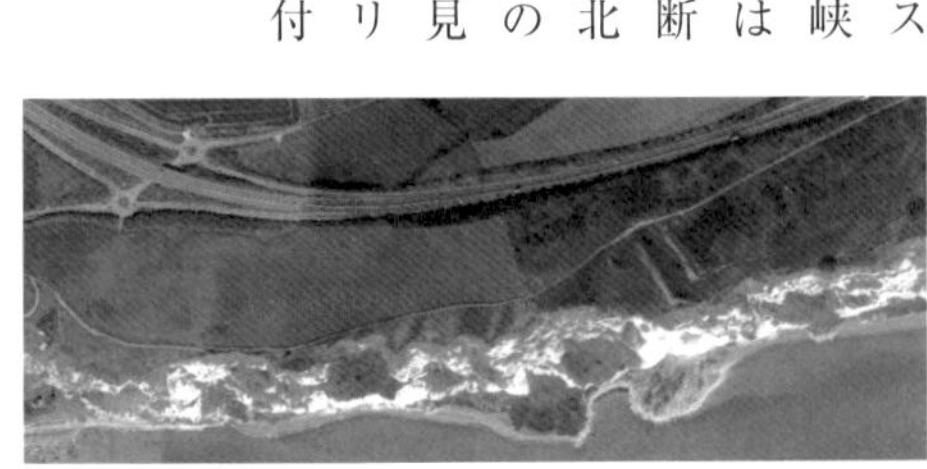
イギリスドーバー海峡付近の白亜の海岸（USGS Landsat）

【5】第三紀
かつて使われていた地質時代の区分の一つ。約6600万年前から現代までを指す新生代は、以前は第三紀（6600万年～260万年前）と第四紀（約260万年前以降）に区分されていたが、現在では第三紀をさらに分けて古第三紀（6600万年～2300万年前）と新第三紀（2300万年～260万年前）に区分されている。

【11】半鹹のところにでなければ住まない介殻の化石が出ました。

そうしてみますと、第三紀の終り頃、それは或は今から五、六十万年或は百万年を数えるかも知れません、その頃今の北上の平原にあたる処は、細長い入海か【11】鹹湖で、その水は割合浅く、何万年の永い間には処々水面から顔を出したりまた引っ込んだり、火山灰や粘土が上に積ったりまたそれが削られたりしていたのです。その粘土は西と東の山地から、川が運んで流し込んだのでした。その火山灰は【12】西の二列か三列の【13】石英粗面岩の火山が、やっとしずまった処ではありましたが、やっぱり時々噴火をやったり爆発をしたりしていましたので、そこから降って来たのでした。

その頃世界には人はまだ居なかったのです。殊に日本はごくごくこの間、三、四千年前までは、全く人が居なかったと云いますから、もちろん誰もそれを見てはいなかったでしょう。その誰も見ていない昔の空がやっぱり繰り返し繰り返し曇ったりまた晴れたり、海の一とこがだんだん浅くなってとうとう水の上に顔を出し、そこに草や木が茂り、ことにも胡桃の木が葉をひらひらさせ、ひのきやいち

【6】洪積　沖積
それぞれ洪積世、沖積世を指し、地質時代における第四紀（260万年前以降）をさらに区分した時代名である。ただし、現在では名称が変わり、それぞれ更新世、完新世という。

地質年代区分			年前
新生代	第四紀	完新世	1万
		更新世	260万
	新第三紀		2300万
	古第三紀		6600万

【7】壚坶（ローム）
土壌区分の一つで、シルトや粘土（【8】）の含有率が25〜40％程度の粘性の高い土壌。日本では関東地方に分布する火山灰起源の関東ローム層が有名。

【8】粘土
土砂は、構成粒子の粗さによって礫、砂、泥と区分する。このうち泥をさらに細か

いがまっ黒にしげり、しげったかと思うと忽ち西の方の火山が赤黒い舌を吐き、【9】**軽石の火山礫**は空もまっくらになるほど降って来て、木は圧し潰され、埋められ、まもなくまた水が被さって粘土がその上につもり、全くまっくらな処に埋められたのでしょう。考えても変な気がします。そんなことはほんとうだろうかとしか思われません。ところがどうも仕方ないことは、私たちのイギリス海岸では、川の水からよほどはなれた処に、【14】半分石炭に変った大きな木の根株が、その根を泥岩の中に張り、そのみきと枝を軽石の火山礫層に圧し潰されて、ぞろっとならんでいました。尤もそれは間もなく【15】日光にあたってぼろぼろに裂け、度々の出水に次から次と削られて行きましたが、新らしいものもまた出て来ました。そしてその根株のまわりから、ある時私たちは四十近くの【16】**半分炭化したくるみの実**を拾いました。それは長さが二寸ぐらい、幅が一寸ぐらい、非常に細長く尖った形でしたので、はじめは私どもは上の重い地層に押し潰されたのだろうとも思いましたが、縦に埋まっているのもありましたし、やっぱりはじめからそんな形だとしか思われません

く区分すると、粒子の直径0・06〜0・004㎜のものがシルト、0・004㎜以下が粘土と呼ばれる。

【9】火山灰／軽石の火山礫
火山が噴火すると、火山ガス、溶岩、火山砕屑物が噴出する。火山砕屑物とは火山灰（直径2㎜以下）、火山礫（直径2〜64㎜）、火山岩塊（64㎜以上）、火山弾（火山岩塊のうち、紡錘型やリボン状など特徴的な形態のもの）、軽石（マグマ中の水などが抜けて無数の孔が空いた軽い石）などである。

宮崎県で採取した新燃岳の火山灰

【10】炭化
有機物（多くの場合植物）が熱で焼かれて炭のようになることを炭化という。火山

でした。

それからはんの木の実も見附かりました。小さな草の実もたくさん出て来ました。

この【17】**百万年昔の海の渚**に、今日は北上川が流れています。昔、巨きな波をあげたり、じっと寂まったり、誰も誰も見ていない所でいろいろに変ったその巨きな【11】**鹹水**の継承者は、今日は波にちらちら火を点じ、ぴたぴた昔の渚をうちながら夜昼南へ流れるのです。

ここを海岸と名をつけたってどうしていけないといわれましょうか。

それにも一つここを海岸と考えていいわけは、ごくわずかですけれども、川の水が丁度大きな湖の岸のように、寄せたり退いたりしたのです。それは【18】向う側から入って来る猿ヶ石川とこちらの水がぶっつかるためにできるのか、それとも少し上流がかなりけわしい瀬になってそれがこの泥岩層の岸にぶっつかって戻るためにできるのか、それとも全くほかの原因によるのでしょうか、とにかく日によって水が潮のように差し退きするときがあるのです。

そうです。丁度一学期の試験が済んでその採点も終りあとは

の噴火による熱で炭化することもあるし、堆積物の中に閉じ込められて、地熱などにより長い年月を経て炭化することもある。

炭化し、化石として見つかった植物片

【11】半鹹／鹹湖／鹹水　鹹水とは、淡水に対して塩分を含んだ水のこと。海水と淡水が交わり、中間の塩分を持つ汽水域を、半鹹あるいは半鹹半淡、半鹹淡という。湖（鹹湖）としては日本ではサロマ湖、能取湖、風蓮湖、網走湖、厚岸湖、小川原湖、十三湖、涸沼、浜名湖、三方五湖、湖山池、

三十一日に成績を発表して通信簿を渡すだけ、私のほうから云えばまあそうです、農場の仕事だってその日の午前で麦の運搬も終り、まあ一段落というそのひるすぎでした。私たちは今年三度目、イギリス海岸へ行きました。瀬川の鉄橋を渡り牛蒡や甘藍が青白い葉の裏をひるがえす畑の間の細い道を通りました。

みちにはすずめのかたびらが穂を出していっぱいにかぶさっていました。私たちはそこから製板所の構内に入りました。製板所の構内だということはもくもくした新らしい鋸屑が敷かれ、鋸の音が気まぐれにそこを飛んでいたのでわかりました。鋸屑には日が照って恰度砂のようでした。砂の向うの、青い水と救助区域の赤い旗と、向うのブリキ色の雲とを見たとき、いきなり私どもはスウェーデンの峡湾にでも来たような気がしてどきっとしました。たしかにみんなそう云う気もちらしかったのです。製板の小屋の中は藍いろの影になり、白く光る円鋸が四、五梃壁にならべられ、その一梃は軸にとりつけられて幽霊のようにまわっていました。

私たちはその横を通って川の岸まで行ったのです。草の生えた石

東郷池、中海、宍道湖などが知られている。

【12】西の二列か三列の……火山
東北地方には、北上川の西側に2列の火山の連なりが見られる。

垣の下、さっきの救助区域の赤い旗の下には筏もちょうど来ていました。花城や花巻の生徒がたくさん泳いで居りました。けれども元来私どもはイギリス海岸に行こうと思ったのでしたからだまってそこを通りすぎました。そしてそこはもうイギリス海岸の南のはじなのでした。私たちでなくたって、折角川の岸までやって来ながらその気持ちのいい所に行かない人はありません。町の雑貨商店や金物店の息子たち、夏やすみで帰ったあちこちの中等学校の生徒、それからひるやすみの製板の人たちなどが、或は裸になって二人、三人ずつそのまっ白な岩に座ったり、また網シャツやゆるい青の半ずぼんをはいたり、青白い大きな麦稈帽をかぶったりして歩いているのを見て行くのは、ほんとうにいい気持でした。

そしてその人たちが、みな私どもの方を見てすこしわらっているのです。殊に一番いいことは、最上等の外国犬が、向うから黒い影法師と一緒に、一目散に走って来たことでした。実にそれはロバートとでも名の附きそうなもじゃもじゃした大きな犬でした。

「ああ、いいな。」私どもは一度に叫びました。誰だって夏海岸へ

【13】石英粗面岩
かつては流紋岩で流理構造（縞模様）がみられないものを「石英粗面岩」としていたが、現在では火山岩のうち二酸化珪素が70%以上であれば流理構造がなくても「流紋岩」と呼ぶことになった。

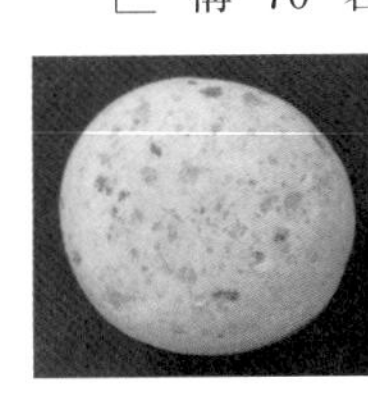

【14】半分石炭に変った大きな木の根株が……ぞろっとならんでいました
泥岩層の中に大きな木の根がはり、そのまま炭化して化石化していることを示している。このような化石は立木化石といって本来生息していた場所で化石になったことを示す貴重なものである。このような立木化石が集まった場所は化石林と呼ばれる。

河床の泥岩層にみられる立木化石

遊びに行きたいと思わない人があるでしょうか。殊にも行けたら、そしてさらわれて紡績工場などへ売られてあんまりひどい目にあわないなら、フランスかイギリスか、そう云う遠い所へ行きたいと誰も思うのです。

私たちは忙しく靴やずぼんを脱ぎ、その冷たい少し濁った水へ次から次と飛び込みました。全くその水の濁りようときたら素敵に高尚なもんでした。その水へ半分顔を浸して泳ぎながら横目で海岸の方を見ますと、泥岩の向うのはずれは高い草の崖になって木もゆれ雲もまっ白に光りました。

それから私たちは泥岩の出張った処に取りついてだんだん上りました。一人の生徒はスイミングワルツの口笛を吹きました。私たちのなかでは、ほんとうのオーケストラを、見たものも聴いたことのあるものも少なかったのですから、もちろんそれは町の洋品屋の蓄音器から来たのですけれども、恰度そのように冷い水は流れたのです。

私たちは泥岩層の上をあちこちあるきました。所々に壺穴の痕があって、その中には小さな円い砂利が入っていました。

【15】日光にあたって……削られて行きました

地表にある岩石や鉱物が変質したり分解したりする作用を風化という。ここでは、昼夜の温度変化による風化や雨水や河川の水流による侵食について書かれている。

河床に出ている泥岩の表面が風化してぼろぼろになっている様子

【16】半分炭化したくるみの実

賢治は実際にイギリス海岸でクルミの化石をたくさん発見し、現在のクルミとは形が異なることから、新種ではないかと考えた。東北大学の早坂一郎教授が賢治の案内で現地を訪れ、クルミ化石を研究した結果、新種であることがわかり、論

「この砂利がこの壺穴を穿るのです。水がこの上を流れるでしょう、石が水の底でザラザラ動くでしょう。まわったりもするでしょう、だんだん岩が穿れて行くのです。」

また、[19] 赤い酸化鉄の沈んだ岩の裂け目に沿って、層がずうっと溝になって窪んだところもありました。それは沢山の壺穴を連結してちょうどひょうたんをつないだように見えました。

「斯う云う溝は水の出るたんびにだんだん深くなるばかりです。なぜなら流されて行く砂利はあまりこの高い所を通りません。溝の中ばかりころんで行きます。溝は深くなる一方でしょう。水の中をごらんなさい。岩がたくさん縦の棒のようになっています。みんなこれです。」

「ああ、騎兵だ、騎兵だ。」誰かが南を向いて叫びました。

下流のまっ青な水の上に、朝日橋がくっきり黒く一列浮び、そのらんかんの間を白い上着を着た騎兵たちがぞろっと並んで行きました。馬の足なみがかげろうのようにちらちらちらちら光りました。

それは一中隊ぐらいで、鉄橋の上を行く汽車よりはもっとゆるく、

文に「バタグルミ」として発表した。本文にある通り、現在のクルミより細長く尖った形をしている。

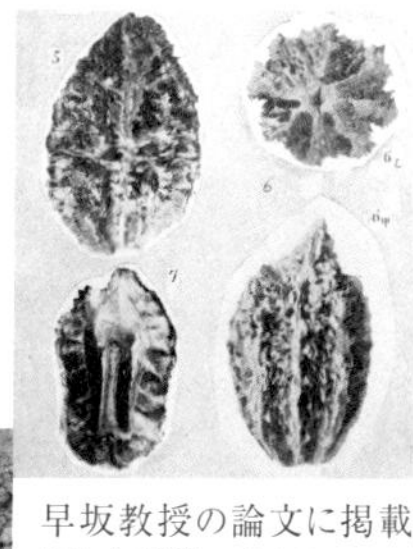

早坂教授の論文に掲載された新種のクルミ

現在の一般的なクルミ

【17】百万年昔の海の渚

ここでは、100万年前に海の渚近くに堆積してできた泥岩層が今この北上川の河床に分布していると説明している。しかしイギリス海岸の泥岩層は、実際には最近の研究で第四紀更新世のものであることが明らかになっている。

小学校の遠足の列よりはも少し早く、たぶんは中隊長らしい人を先頭にだんだん橋を渡って行きました。

「どごさ行ぐのだべ。」

「水馬演習でしょう。白い上着を着ているし、きっと裸馬だろう。」

「こっちさ来るどいいな。」

「来るよ、きっと。大てい向う岸のあの草の中から出て来ます。兵隊だって誰だって気持ちのいい所へは来たいんだ。」

騎兵はだんだん橋を渡り、最後の一人がぽろっと光って、それからみんな見えなくなりました。と思うと、またこっちの袂から一人がだくでかけて行きました。私たちはだまってそれを見送りました。

けれども、全く見えなくなると、そのこともだんだん忘れるものです。私たちはまた冷たい水に飛び込んで、小さな湾になった所を泳ぎまわったり、岩の上を走ったりしました。

誰かが、[20]岩の中に埋もれた小さな植物の根のまわりに、水酸化鉄の茶いろな環が、何重もめぐっているのを見附けました。それははじめからあちこち沢山あったのです。

【18】向う側から入って来る猿ヶ石川とこちらの水がぶっつかる

イギリス海岸は、北上川と猿ヶ石川の合流点付近にあり、水の流れが速い。

【19】赤い酸化鉄の沈んだ岩の裂け目に沿って……ひょうたんをつないだように見えました

割れ目に沿って、酸化鉄が鉄さびのような色をしてできているのは、割れ目に鉄を含んだ地下水がしみ込み、鉄分が酸化して沈殿したからである。その割れ目が細長い甌穴となり、ひょうたん型に見えるのだろう。

「どうしてこの環、出来だのす。」

「この出来かたはむずかしいのです。[21] **膠質体**のことをも少し詳しくやってからでなければわかりません。けれどもとにかくこれは電気の作用です。この環は [22] **リーゼガングの環**と云います。実験室でもこさえられます。あとで土壌のほうでも説明します。[23] **腐植質磐層**というものも似たようなわけでできるのですから。」

私は毎日の実習で疲れていましたので、長い説明が面倒くさくて斯う答えました。

それからしばらくたって、ふと私は川の向う岸を見ました。せいの高い二本のでんしんばしらが、互によりかかるようにして一本の腕木でつらねられてありました。そのすぐ下の青い草の崖の上に、まさしく一人のカアキイ色の将校と大きな茶いろの馬の頭とが出来ました。

「来た、来た、とうとうやって来た。」みんなは高く叫びました。

「水馬演習だ。向う側へ行こう。」斯う云いながら、そのまっ白なイギリス海岸を上流にのぼり、そこから向う側へ泳いで行く人もた

砂岩の割れ目にしみこんだ酸化鉄

【20】岩の中に埋もれた小さな植物の根のまわりに、水酸化鉄の茶いろな環

泥岩層の中に入った植物の根の周りには、酸化鉄が集まって茶色い環ができていることがある。この環の部分を岩から取り出すと、根に沿った棒状の酸化鉄が出てくる。酸化鉄が環状に集まるのは、【22】

泥岩層の中に見られる植物の根の周りについた褐色の酸化鉄。穴は根のあった部分

くさんありました。

兵隊は一列になって、崖をななめに下り、中にはさきに黒い鉤のついた長い竿を持った人もありました。

間もなく、みんなは向う側の草の生えた河原に下り、六列ばかりに横にならんで馬から下り、将校の訓示を聞いていました。それが中々永かったのでこっち側に居る私たちは実際あきてしまいました。いつになったら兵隊たちがみな馬のたてがみに取りついて、泳いでこっちへ来るのやらすっかり待ちあぐねてしまいました。さっき川を越えて見に行った人たちも、浅瀬に立って将校の訓示を聞いていましたが、それもどうも面白くて聞いているようにも見え、またつまらなそうにも見えるのでした。うるんだ夏の雲の下です。

そのうちとうとう二隻の舟が川下からやって来て、川のまん中にとまりました。兵隊たちはいちばんはじの列から馬をひいてだんだん川へ入りました。馬の蹄の底の砂利をふむ音と水のばちゃばちゃはねる音とが遠くの遠くの夢の中からでも来るように、こっち岸の水の音を越えてやって来ました。私たちはいまにだんだん深い処へ

の「リーゼガングの環」と呼ばれる作用によると考えられる。

【21】膠質体
コロイド状態の物質。コロイドとは、肉眼や通常の顕微鏡では見えないが普通の原子や分子よりも大きい粒子（0・1〜0・001㎛）の物質が分散している状態のこと。例えば物質が液体中に分散しているコロイド溶液はゾルともいい、固化するとゲルと呼ばれる。

【22】リーゼガングの環
1896年にドイツの化学者リーゼガングが見出した現象。クロム酸カリウムを含むゼラチンシートに硝酸銀溶液を落とすと、クロム酸銀の同心円状の沈澱ができる。同様の現象がほかにも見つかり、このような同心円状の沈澱を「リーゼガング環」と呼ぶようになった。メノウの縞模様や、砂岩中の酸化鉄の縞などはこの現象によるとされている。

さえ来れば、兵隊たちはたてがみにとりついて泳ぎ出すだろうと思って待っていました。ところが先頭の兵隊さんは舟のところまでやって来ると、ぐるっとまわって、また向うへ戻りました。みんなもそれに続きましたので列は一つの環になりました。

「なんだ、今日はただ馬を水にならすためだ。」私たちはなんだかつまらないようにも思いましたが、また、あんな浅い処までしか馬を入れさせずそれに舟を二隻も用意したのを見てどこか大へん力強い感じもしました。それから私たちは養蚕の用もありましたので急いで学校に帰りました。

その次には私たちはただ五人で行きました。

はじめはこの前の湾のところだけ泳いでいましたがそのうちだんだん川にもなれてきて、ずうっと上流の波の荒い瀬のところから海岸のいちばん南のいかだのあるあたりへまでも行きました。そして、疲れて、おまけに少し寒くなりましたので、海岸の西の堺のあの古い根株やその上につもった軽石の火山礫層の処に行きました。

その日私たちは完全なくるみの実も二つ見附けたのです。火山礫

【23】腐植質盤層
川や湖の底に堆積した植物片などの有機物が分解して砂や粘土と混ざり、暗褐色をした土層。

メノウの縞模様もリーゼガング環の一種

飛び出している部分が腐植物質を含む硬くなった地層

の層の上には前の水増しの時の水が、沼のようになって処々溜っていました。私たちはその溜り水から堰をこしらえて滝にしたり発電処のまねをこしらえたり、ここは[24]**オーバアフロウ**だの何の永いこと遊びました。

その時、あの下流の赤い旗の立っているところに、いつも腕に赤いきれを巻きつけて、はだかに半纏だけ一枚着てみんなの泳ぐのを見ている三十ばかりの男が、一梃の鉄梃をもって下流の方から溯って来るのを見ました。その人は、町から、水泳で子供らの溺れるのを助けるために雇われて来ているのでしたが、何ぶんひまに見えたのです。今日だって実際ひまなもんだから、ああやって用もない鉄梃なんかかついで、動かさなくてもいい途方もない大きな石を動かそうとしてみたり、丁度私どもが遊びにしている発電所のまねなどを、鉄梃まで使って本当にごつごつ岩を掘って、[25]**浮岩**の層のたまり水を干そうとしたりしているのだと思うと、私どもは実は少しおかしくなったのでした。

ですからわざと真面目な顔をして、

【24】オーバアフロウ
河川や水路が氾濫することをいうが、ここでは放流設備（排水口）の意とも考えられる。

【25】浮岩
軽石（【9】）のこと。

「ここの水少し干したほういいな、鉄梃を貸しませんか。」と云うものもありました。

するとその男は鉄梃でとんとんあちこち突いてみてから、

「ここら、岩も柔いようだな。」と云いながらすなおに私たちに貸し、自分はまた上流の波の荒いところに集っている子供らの方へ行きました。すると子供らは、その荒いブリキ色の波のこっち側で、手をあげたり脚を俥屋さんのようにしたり、みんなちりぢりに遁げるのでした。私どもははははあ、あの男はやっぱりどこか足りないな、だから子供らが鬼のようにこわがっているのだと思って遠くから笑って見ていました。

さてその次の日も私たちはイギリス海岸に行きました。

その日は、もう私たちはすっかり川の心持ちになれたつもりで、どんどん上流の瀬の荒い処から飛び込み、すっかり疲れるまで下流の方へ泳ぎました。下流であがってはまた野蛮人のようにその白い岩の上を走って来て上流の瀬にとびこみました。それでもすっかり疲れてしまうと、また昨日の軽石層のたまり水の処に行きました。

救助係はその日はもうちゃんとそこに来ていたのです。腕には赤い巾(きれ)を巻き鉄梃(かなてこ)も持(も)っていました。

「お暑うござんす。」私が挨拶(あいさつ)しましたらその人は少しきまり悪そうに笑って、

「なあに、おうちの生徒さんぐらい大きな方ならあぶないこともないのですが一寸(ちょっと)来てみたところです。」と云うのでした。なるほど私(わたくし)たちの中でたしかに泳げるものはほんとうに少(すくな)かったのです。もちろん何かの張合(はりあい)で誰(だれ)かが溺(おぼ)れそうになったとき間違いなくそれを救えるというくらいのものは一人もありませんでした。だんだん談(はな)してみると、この人はずいぶんよく私たちを考えていてくれたのです。救助区域はずうっと下流の筏(いかだ)のところなのですが、私たちがこの気もちよいイギリス海岸に来るのを止めるわけにもいかず、時々別の用のあるふりをして来て見ていて呉(く)れたのです。もっと談(はな)しているうちに私はすっかりきまり悪くなってしまいました。なぜなら誰でも自分だけは賢(かし)こく、人のしていることは馬鹿(ばか)げて見えるものですが、その日そのイギリス海岸で、私はつくづくそんな考(かんがえ)のいけ

ないことを感じました。からだを刺されるようにさえ思いました。はだかになって、生徒といっしょに白い岩の上に立っていましたが、まるで太陽の白い光に責められるように思いました。全くこの人は、救助区域があんまり下流の方で、とてもこのイギリス海岸まで手が及ばず、それにもかかわらず私たちをはじめみんなこっちへも来るし、殊に小さな子供らまでが、何べん叱られてもあのあぶない瀬の処に行っていて、この人の形を遠くから見ると、遁げてどての蔭や沢のはんのきのうしろにかくれるものですから、この人は町へ行って、もう一人、人を雇うかそうでなかったら救助の浮標を浮べて貰いたいと話しているというのです。

そうしてみると、昨日あの大きな石を用もないのに動かそうとしたのもその浮標の重りに使う心組からだったのです。おまけにあの瀬の処では、早くにも溺れた人もあり、下流の救助区域でさえ、今年になってから二人も救ったというのです。いくら昨日までよく泳げる人でも、今日のからだ加減では、いつ水の中で動けないようになるかわからないというのです。何気なく笑って、その人と談してはいましたが、私はひとりで烈しく烈しく私の軽率を責めました。実は私はその日までもし溺れる生徒ができたら、こっちはとても助けることもできないし、ただ飛び込んでいって一緒に溺れてやろう、死ぬことの向う側まで一緒について行ってやろうと思っていただけでした。全く私たちにはそのイギリス海岸の夏の一刻がそんなにまで楽しかったのです。そして私は、それが悪いことだとは決して思いませんでした。

さてその人と私らは別れましたけれども、今度はもう要心して、あの十間ばかりの湾の中でしか泳ぎませんでした。

その時、海岸のいちばん北のはじまで溯って行った一人が、まっすぐに私たちの方へ走って戻って来ました。

「先生、岩に何かの足痕あらんす。」

私はすぐ壺穴の小さいのだろうと思いました。[26]第三紀の泥岩で、どうせ昔の沼の岸ですから、何か哺乳類の足痕のあることもいかにもありそうなことだけれども、教室でだって[27]手獣の足痕の図まで黒板に書いたのだし、どうせそれが頭にあるから壺穴まで

【26】第三紀の泥岩で……いかにもありそうなこと
第三紀は、絶滅した恐竜に代わり哺乳類が繁栄していたことから、「哺乳類の時代」とも呼ばれる。化石の残りやすい泥岩層に、当時発展していた哺乳類の足跡があることは十分に可能性があると、賢治は考えたのだろう。

そんな工合に見えたんだと思いながら、あんまり気乗りもせずにそっちへ行ってみました。ところが私はぎくりとしてつっ立ってしまいました。みんなも顔色を変えて叫んだのです。

白い火山灰層のひとところが、平らに水で剥がされて、浅い幅の広い谷のようになっていましたが、その底に二つずつ蹄の痕のある大さ五寸ばかりの足あとが、幾つか続いたりぐるっとまわったり、大きいのや小さいのや、実にめちゃくちゃについているではありませんか。その中には薄く酸化鉄が沈澱してあたりの岩から実にはっきりしていました。たしかに足痕が泥につくや否や、火山灰がやって来てそれをそのまま保存したのです。私ははじめは粘土でその型をとろうと思いました。一人がその青い粘土も持って来たのでしたが、蹄の痕があんまり深過ぎるので、どうもうまくいきませんでした。私は「あした石膏を用意して来よう」とも云いました。けれどもそれよりいちばんいいことはやっぱりその足あとを切り取って、そのまま学校へ持って行って標本にすることでした。どうせまた水が出れば火山灰の層が剥げて、新らしい足あとの出るのはたしかで

【27】手獣
ドイツの三畳紀（約2億5000万年～約2億万年前）の地層から化石が出てくる、キロテリウムという爬虫類の和名。

したし、今のは構わないでおいてもすぐ壊れることが明らかでしたから。

次の朝早く私は実習を掲示する黒板にこう書いておきました。

八月八日

農場実習　午前八時半より正午まで

除草、追肥　第一、七組

蕪菁播種　第三、四組

甘藍中耕　第五、六組

養蚕実習　第二組

（午后イギリス海岸に於て[28]第三紀偶蹄類の[29]足跡標本を採収すべきにより希望者は参加すべし。）

そこで正直を申しますと、この小さな「イギリス海岸」の原稿は八月六日あの足あとを見つける前の日の晩宿直室で半分書いたのです。私はあの救助係の大きな石を鉄梃で動かすあたりから、あとは勝手に私の空想を書いていこうと思っていたのです。ところが次の日救助係がまるでちがった人になってしまい、泥岩の中からは空

【28】第三紀偶蹄類

北上川河床の第三紀泥岩層の表面に現れたくぼみは偶蹄目（ウシ目）に属する哺乳類がつけた足跡の化石だといわれている。生物の足跡の上に砂や泥が溜まり、その後長い年月が過ぎた後、上部の砂や泥が風化侵食によって取り払われると、足跡化石が地表に現れる。

河岸の泥岩に残る偶蹄類の足跡化石（滋賀県野洲川）

想よりももっと変なあしあとなどが出て来たのです。その半分書いた分だけを実習がすんでから教室でみんなに読みました。

それを読んでしまうかしまわないうち、私たちは一ぺんに飛び出してイギリス海岸へ出かけたのです。

丁度この日は校長も出張から帰って来て、学校に出ていました。黒板を見てわらっていました、それから繭を売るのが済んだら自分も行こうと云うのでした。私たちは新らしい鋼鉄の三本鍬一本と、ものさしや新聞紙などを持って出て行きました。海岸の入口に来てみますと水はひどく濁っていましたし、雨も少し降りそうでした。雲が大へんけわしかったのです。救助係に私は今日は少しのお礼をしようと思ってその支度もして来たのでしたがその人はいつもの処に見えませんでした。私たちはまっすぐにそのイギリス海岸を昨日の処に行きました。それからていねいにあのあやしい化石を掘りはじめました。気がついてみると、みんな大抵ポケットに除草鎌を持ってきているのでした。岩が大へん柔らかでしたから大丈夫それで削れる見当がついていたのでした。もうあちこちで掘り出されま

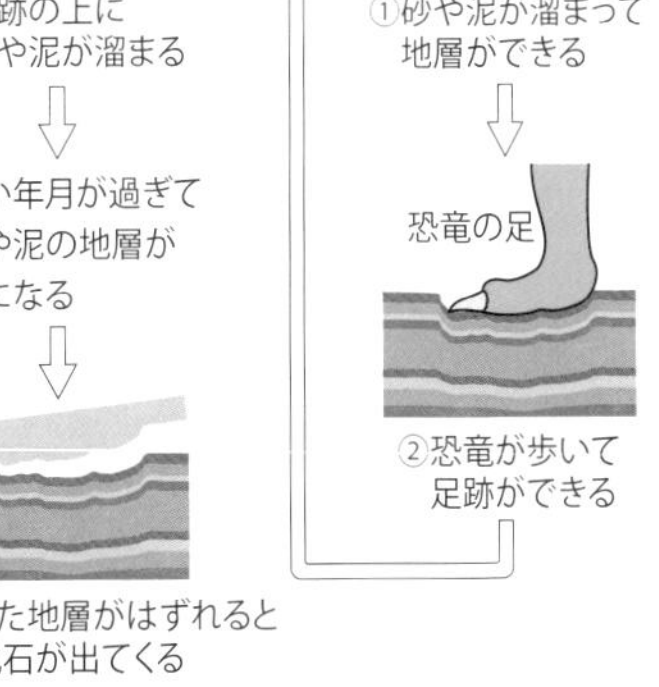

足跡化石のできかた

【29】足跡標本を採収

足跡化石を保存するには、本文にあるように直接その部分を切り取って掘り出す方法と、くぼみの中に石膏を流し込んで型をとる方法とがある。石膏を流し込む方法では、まず実物から凸型を採り、そこからさらに凹型を作るなどの手順を経る。一方、実物を切り出す方法は、壊れないように足跡の周囲の広い範囲から掘り出すため、非常に労力がかかる。また採り出した標本は大きく

した。私はせわしくそれをとめて、二つの足あとの間隔をはかったり、スケッチをとったりしなければなりませんでした。足あとを二つつづけて取ろうとしている人もありましたし、も少しのところでこわした人もありました。

まだ上流の方にまた別のがあると、一人の生徒が云って走って来ました。私は暑いので、すっかりはだかになって泳ぐ時のようなかたちをしていましたが、すぐその白い岩を走って行ってみました。そのあしあとは、いままでのとはまるで形もちがい、よほど小さかったのです、あるものは水の中にありました。水がもっと退いたらまだまだ沢山出るだろうと思われました。その上流の方から、南のイギリス海岸のまん中で、みんなの一生けん命掘り取っているのを見ますと、こんどはそこは英国でなく、[30] **イタリヤのポンペイの火山灰**の中のように思われるのでした。殊に四、五人の女たちが、けばけばしい色の着物を着て、向うを歩いていましたし、おまけに雲がだんだんうすくなって日がまっ白に照ってきたからでした。

いつか校長も黄いろの実習服を着て来ていました。そして足あと

重いので運搬や保管も大変であるが、やはり実物資料は非常に貴重である。

石膏を使って採った恐竜の足跡化石（凸型）

【30】イタリヤのポンペイの火山灰　イタリアの都市ポンペイは、西暦79年に起こったベスビオ火山噴火による火砕流で、市民を含めた街全体が一瞬にして火山灰で埋まってしまった。18世紀に入ってようやく発掘調査が始まり、古代ローマ帝国の繁栄ぶりを伝える遺物が大量に発見された。また、火山灰の中に残った空洞から生き

はもう四つまで完全にとられたのです。

私たちはそれを汀まで持って行って洗いそれからそっと新聞紙に包みました。大きなのは三貫目もあったでしょう。掘り取るのが済んであの荒い瀬の処から飛び込んで行くものもありました。けれども私はその溺れることを心配しませんでした。なぜなら生徒より前に、もう校長が飛び込んでいてごくゆっくり泳いで行くのでしたから。

しばらくたって私たちはみんなでそれを持って学校へ帰りました。そしてさっきも申しましたようにこれは昨日のことです。今日は実習の九日目です。朝から雨が降っていますので外の仕事はできません。うちの中で図を引いたりして遊ぼうと思うのです。これから私たちにはまだ麦こなしの仕事が残っています。天気が悪くてよく乾かないで困ります。麦こなしは芒がえらえらからだに入って大へんつらい仕事です。百姓の仕事の中ではいちばんいやだとみんなが云います。この辺ではこの仕事を夏の病気とさえ云います。けれども全くそんな風に考えてはすみません。私たちはどうにかしてできるだけ面白くそれをやろうと思うのです。


埋めになった市民の遺体の痕跡がわかるため、化石のように石膏を流し込んで再現保存する試みも行われた。

column

北上川はかつて海だった？

賢治は「イギリス海岸」の中で、北上川の河床に出ている泥岩層が第三紀の時代には海の渚付近であったことの根拠を3つ挙げているね。この3つの根拠の内容をくわしく見てみよう。

第1の根拠

北上山地の縁(へり)から西の中央分水嶺まで、第三紀の泥岩層が一枚の板のようになって続いている。また、その上に堆積している洪積層で井戸を掘ると、泥岩層にいきあたる。

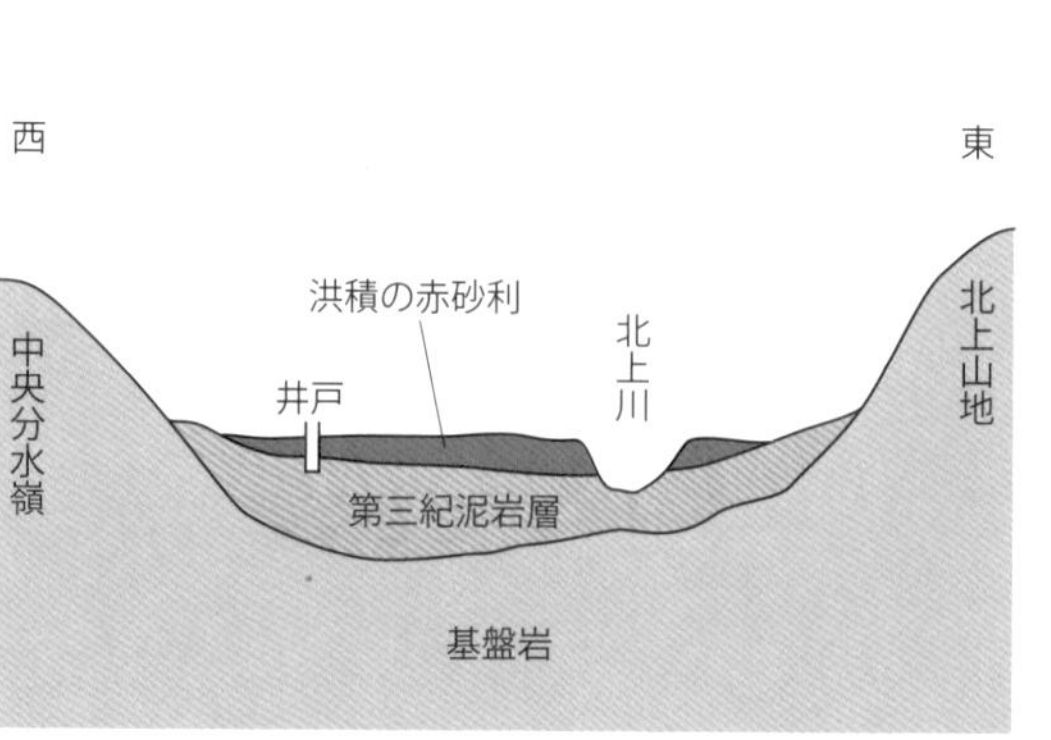

第2の根拠

泥岩層には粘土と火山灰の層も含まれることから、静かな海で堆積したと考えられる。さらに、地層には縞模様があり、炭化した植物が挟まっていたり、山際の泥岩層には細かい砂や砂丘の跡が見られたりすることから、現在の北上川の谷間に沿って、細長い海があったと考えられる。

北上川が流れる谷間の航空写真を3D化した様子。第三紀の時代には、この細長い谷間に海が入り込んでいたと考えられている。（地理院地図航空写真より作成）

泥岩層の表面が波のような模様になっているのは、波打ち際だったからかな？

第3の根拠

北上山の縁の赤砂利から、牡蠣などの汽水域に生息する生物の化石が見つかるため、確かに第三紀にはイギリス海岸付近に海が侵入していたことがわかる。

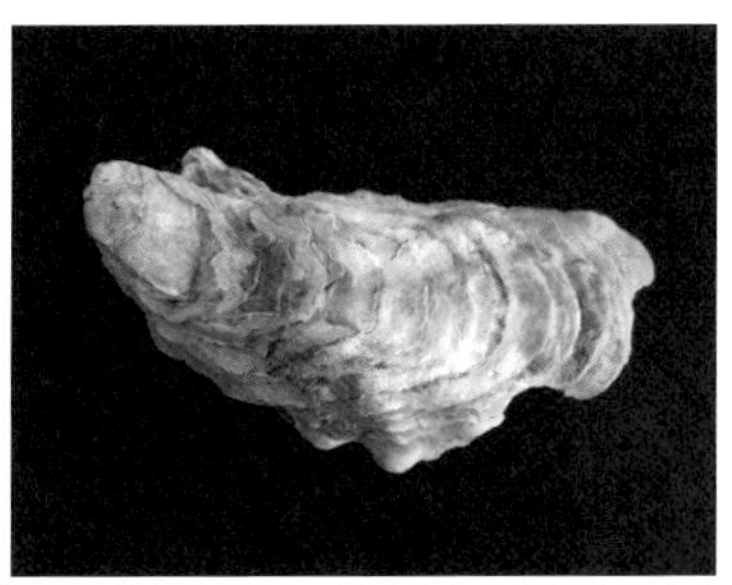

牡蠣の化石

賢治はこう書いているけれど、現在では赤砂利の地層や泥岩層は実際には第三紀ではなくて、第四紀更新世の堆積物であることがわかっている。でも、いずれにしてもかつてイギリス海岸付近に海が侵入していたことは確かのようだね。

第2章

楢ノ木大学士（ならのきだいがくし）の野宿

楢ノ木大学士の野宿

楢ノ木大学士は〔1〕**宝石学**の専門だ。

ある晩大学士の小さな家(うち)へ、

「貝の火兄弟(けいてい)商会」の、

赤鼻の支配人がやって来た。

「先生、ごく上等の〔2〕**蛋白石**(たんぱくせき)の注文があるのですがどうでしょう、お探しをねがえませんでしょうか。もっともごくごく上等のやつをほしいのです。何せ相手が〔3〕**グリーンランド**の途方(とほう)もない成金(なりきん)ですから、ありふれたものじゃなかなか承知しないんです。」

大学士は葉巻を横にくわえ、

〔4〕**雲母紙**(うんもし)を張った天井(てんじょう)を、

斜(なな)めに見上げて聴(き)いていた。

「たびたびご迷惑(めいわく)で、まことに恐(おそ)れ入りますが、いかがなもんでございましょう。」

【1】宝石学

「宝石」は鉱物のうち、稀少性が高く、研磨加工に耐えうる強度を持ち、美しい石のことをいう。宝石学は貴金属や宝石についての科学的研究のほか、宝石の鑑別などの専門教育も含む。

【2】蛋白石

オパールのこと。二酸化珪素の細かい球状の集まりの間に水が充満してできた非結晶質の準鉱物である。乳白色のものが多いが、黄・緑・青などのいろいろな種類があり、遊色効果と呼ばれる虹のような輝きをもつものもある。

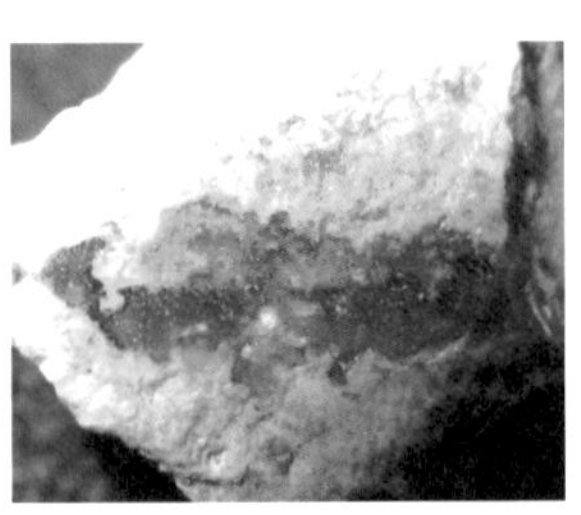

砂岩の間にできた、緑や赤色の輝きを放つオパール

そこで楢ノ木大学士は、にやっと笑って葉巻をとった。

「うん、探してやろう。蛋白石のいいのなら、【5】**流紋玻璃**を探せばいい。探してやろう。僕は実際、一ぺんさがしに出かけたら、きっともう足が宝石のある所へ向くんだよ。そして宝石のある山へ行くと、奇体に足が動かない。直覚だねえ。いや、それだから、却って困ることもあるよ。たとえば僕は一千九百十九年の七月に、アメリカのジャイアントアーム会社の依嘱を受けて、【6】**紅宝玉**を探しに【7】**ビルマ**へ行ったがね、やっぱりいつか足は紅宝玉の山へ向く。それからちゃんと見附かって、帰ろうとしてもなかなか足があがらない。つまり僕と宝石には、一種の不思議な引力が働いている、深く埋まった紅宝玉どもの、日光の中へ出たいというその熱心が、多分は僕の足の神経に感ずるのだろうね。その時も実際困ったよ。山から下りるのに、十一時間もかかったよ。けれどもそれがいまのバララゲの紅宝玉坑さ。」

「ははあ、そいつはどうもとんだご災難でございました。しかしい

【3】グリーンランド
カナダの北東にある世界最大の島で、デンマーク領であるが自治政府が置かれている。ほとんどの地域が北極圏に属し、広く氷河で覆われている。

【4】雲母紙
雲母は鉱物の一種で、非常に薄くはがれる性質をもっている。雲母紙は白雲母を細かく砕き、紙に塗って筆の走りがよくなるようにした紙。

砕けた白雲母

かがでございましょう。こんども多分はそんな工合に参りましょうか。」

「それはもうきっとそう行くね。ただその時に、僕が何かの都合のために、たとえばひどく疲れているとか、狼に追われているとか、あるいはひどく神経が興奮しているとか、そんなような事情から、ふっとその引力を感じないというようなことはあるかもしれない。しかしとにかく行って来よう。二週間目にはきっと帰るから。」

「それでは何分お願いいたします。これはまことに軽少ですが、当座の旅費のつもりです。」

貝の火兄弟商会の、

鼻の赤いその支配人は、

ねずみ色の状袋を、

上着の内衣嚢から出した。

「そうかね。」

大学士は別段気にもとめず、

手を延ばして状袋をさらい、

【5】流紋玻璃

流紋は流紋岩のことで、マグマが地表に出て冷え固まった岩石の一種。玻璃はガラスのこと。流紋玻璃は流紋岩のうちガラス成分が多いものをいう。このようなタイプの流紋岩はオパールを含むことが多い。

流紋岩のなかに白いオパールがみられる

【6】紅宝玉

ルビーはコランダムと呼ばれる鉱物のうち赤いものをいう(それ以外の色はサファイア)。硬度はダイヤモンドに次いで硬く、きれいな赤色のものは宝石となる。

自分の衣嚢に投げこんだ。
「では何分とも、よろしくお願いいたします。」
そして「貝の火兄弟商会」の、
赤鼻の支配人は帰って行った。
次の日諸君のうちの誰かは、
きっと上野の停車場で、
途方もない長い外套を着、
変な灰色の袋のような背嚢をしょい、
七キログラムもありそうな、
素敵な大きなかなづちを、
持った紳士を見ただろう。
それは楢の木大学士だ。
宝石を探しに出掛けたのだ。
出掛けた為にとうとう楢ノ木大学士の、
野宿ということも起ったのだ。
三晩というもの起ったのだ。

【7】ビルマ
現在のミャンマー。1989年に国号の国際表記をビルマからミャンマーに変更した。

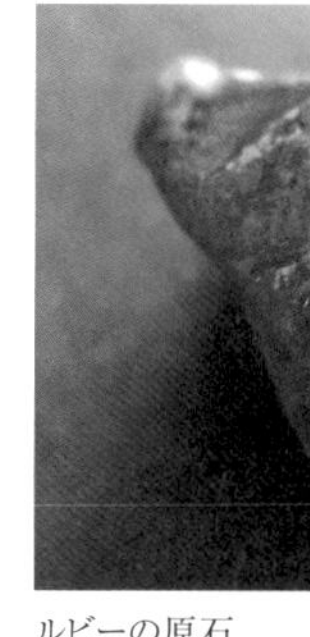
ルビーの原石

野宿第一夜

四月二十日の午后四時頃、
例の楢ノ木大学士が
「ふん、此の川筋があやしいぞ。たしかにこの川筋があやしいぞ」
とひとりぶつぶつ言いながら、
からだを深く折り曲げて
眼一杯にみひらいて、
足もとの砂利をねめまわしながら、
兎のようにひょいひょいと、
【8】葛丸川の西岸の
大きな河原をのぼって行った。
両側はずいぶん嶮しい山だ。
大学士はどこまでも溯って行く。
けれどもとうとう日も落ちた。
その両側の山どもは、

【8】葛丸川
岩手県花巻市、花巻駅の北西に流れる川。奥羽山脈から東に流れ北上川に合流する。

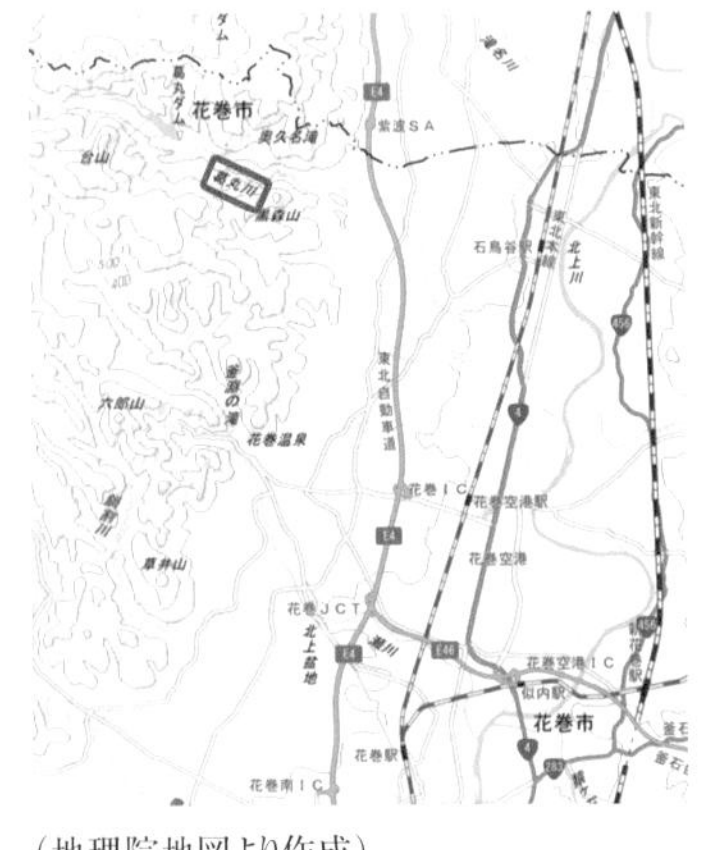

（地理院地図より作成）

一生懸命(いっしょうけんめい)の大学士などにはお構いなく
ずんずん黒く暮れて行く。
その上にちょっと顔を出した
遠くの雪の山脈は、
さびしい銀いろに光り、
てのひらの形の黒い雲が、
その上を行ったり来たりする。
それから川岸の細い野原に、
ちょろちょろ赤い野火が這(は)い、
鷹(たか)によく似た白い鳥が、
鋭(するど)く風を切って翔(か)けた。
楢ノ木大学士はそんなことには構わない。
まだどこまでも川を溯って行こうとする。
ところがとうとう夜になった。
今はもう河原の石ころも、
赤やら黒やらわからない。

「これはいけない。もう夜だ。寝ねなくちゃなるまい。今夜はずいぶん久しぶりで、愉快な露天に寝るんだな。うまいぞうまいぞ。ところで草へ寝ようかな。かれ草でそれはたしかにいいけれども、寝ているうちに、野火にやかれちゃ一言もない。よしよし、この石へ寝よう。まるでね台だ。ふんふん、実に柔らかだ。いい寝台だぞ。」

その石は実際柔らかで、
また敷布のように白かった。
そのかわりまた大学士が、
腕をのばして背嚢をぬぎ、
肱をまげて外套のまま、
ごろりと横になったときは、
外套のせなかに白い粉が、
まるで一杯についたのだ。
もちろん学士はそれを知らない。
またそんなこと知ったところで、
あわてて起きあがる性質でもない。

水がその広い河原の、
向う岸近くをごうと流れ、
空の桔梗のうすあかりには、
山どもがのっきのっきと黒く立つ。
大学士は寝たままそれを眺め、
またひとりごとを言い出した。
「ははあ、あいつらは【9】岩頸だな。岩頸だ、岩頸だ。相違ない。」
そこで大学士はいい気になって、
仰向のまま手を振って、
岩頸の講義をはじめ出した。
「諸君、手っ取り早く云うならば、岩頸というのは、【10】地殻から一寸頸を出した太い岩石の棒である。その頸がすなわち一つの山である。ええ。一つの山である。ふん。どうしてそんな変なものができたというなら、そいつは蓋し［思うに］簡単だ。ええ、ここに一つの火山がある。【11】熔岩を流す。その熔岩は地殻の深いところから太い棒になってのぼって来る。【12】火山がだんだん衰えて、その

【9】岩頸
火山が活動を止めた後、地下のマグマ溜まりから火口まで（火道）に残った溶岩が冷えて固まり、周囲が侵食されて地表に露出するようになった部分。

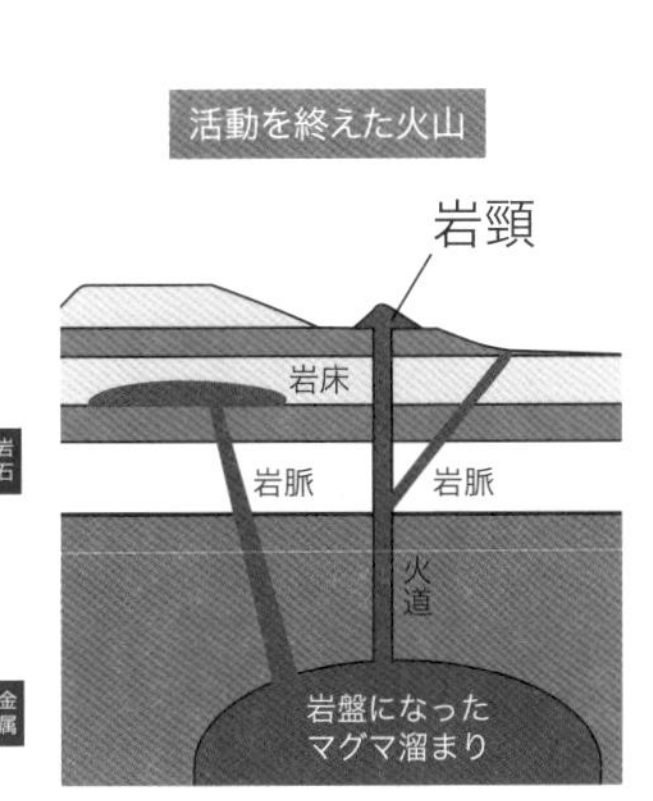

【10】地殻
地球の内部は表面から中心に向かって、地殻、マントル、さらにその下に核という構造になっている。卵にた

5~60km
660km
2900km
5100km
6400km
地殻 固体
上部マントル 固体
下部マントル 固体
外核 液体
内核 固体
岩石
金属

腹の中まで冷えてしまう。熔岩（ようがん）の棒もかたまってしまう。それから火山は永い間に空気や水のために、だんだん崩（くず）れる。とうとう削（けず）られてへらされて、しまいには上の方がすっかり無くなって、前のかたまった熔岩の棒だけが、やっと残るというあんばいだ。この棒は大抵頸（たいていくび）だけを出して、一つの山になっている。それが岩頸（がんけい）だ。ははあ、面白（おもしろ）いぞ、つまりそのこれは夢（ゆめ）の中のもやだ、もや、もや、もや、もや。そこでそのつまり、鼠（ねずみ）いろの岩頸だがな、その鼠いろの岩頸が、きちんと並（なら）んで、お互（たがい）に顔を見合せたり、ひとりで空うそぶいたりしているのは、大変おもしろい。ふふん。」

それは実際その通り、

向（むこ）うの黒い四つの峯（みね）は、

四人兄弟の岩頸で、

だんだん地面からせり上って来た。

楢ノ木大学士の喜びようはひどいもんだ。

「ははあ、こいつらは【13】**ラクシャンの四人兄弟**だな。よくわかった。ラクシャンの四人兄弟だ。よしよし。」

とえれば地殻は殻にあたる（白身がマントル、黄身が核）。

【11】熔岩（溶岩）

溶岩は、地表に流れ出したマグマのことを指す場合と、マグマが冷え固まった岩石を指す場合がある。ここでは流体のマグマのことである。

【12】火山がだんだん衰えて……あんばいだ

【9】で示したように、活動を休止した火山の地下の火道でマグマが冷え固まって棒状の火成岩となった後、周囲の地盤が侵食されて岩が露出する過程を表している。

【13】ラクシャンの四人兄弟

そばにある4つの岩頸の擬人化。ラクシャンという名は賢治の造語と思われるが、仏教の天部に属し、もともとヒンズー教の破壊神から取り入れられた羅殺天（ラ

注文通り岩頸は
丁度胸までせり出して
ならんで空に高くそびえた。
一番右は
たしかラクシャン第一子
まっ黒な髪をふり乱し
大きな眼をぎろぎろ空に向け
しきりに口をぱくぱくして
何かどなっている様だが
その声は少しも聞えなかった。
右から二番目は
たしかにラクシャンの第二子だ。
長いあごを両手に載せて睡っている。
次はラクシャン第三子
やさしい眼をせわしくまたたき
いちばん左は

クシャサ）からきているのだろうか。

ラクシャンの第四子、末っ子だ。
夢のような黒い瞳をあげて
じっと東の高原を見た。
楢ノ木大学士がもっとよく
四人を見ようと起き上ったら
俄かにラクシャン第一子が
雷のように怒鳴り出した。
「何をぐずぐずしてるんだ。潰してしまえ。灼いてしまえ。こなごなに砕いてしまえ。早くやれっ。」
楢ノ木大学士はびっくりして
大急ぎでまた横になり
いびきまでして寝たふりをし
そっと横目で見つづけた。
ところが今のどなり声は
大学士に云ったのでもなかったようだ。
なぜならラクシャン第一子は

やっぱり空へ向いたまま
素敵などなりを続けたのだ。

「全体何をぐずぐずしてるんだ。[14]砕いちまえ、砕いちまえ、はね飛ばすんだ。はね飛ばすんだよ。火をどしゃどしゃ噴くんだ。熔岩の用意っ。熔岩。早く。畜生。いつまでぐずぐずしてるんだ。熔岩、用意っ。もう二百万年たってるぞ。灰を降らせろ、灰を降らせろ。なぜ早く支度をしないか。」

しずかなラクシャン第三子が
兄をなだめて斯う云った。

「兄さん。少しおやすみなさい。こんなしずかな夕方じゃありませんか。」

兄は構わずまたどなる。

「地球を半分ふきとばしちまえ。[15]石と石とを空でぶっつけ合せてぐらぐらする紫のいなびかりを起せ。まっくろな灰の雲からかみなりを鳴らせ。えい、意気地なしども。降らせろ、降らせろ、きらきらの熔岩で海をうずめろ。海から騰る泡で太陽を消せ、生き残り

【14】砕いちまえ……灰を降らせろ
ラクシャン第一子が火山噴火を促している部分。火口に溜まった岩石を吹き飛ばし、下から溶岩を噴出させ、噴火し、溶岩を火口から流し、灰を大気中にまき散らせと指示している。

【15】石と石とをぶっつけ合せて……かみなりを鳴らせ
火山噴火に伴って噴出し雲状に広がった火山灰の中では、激しい対流運動で粒子どうしが摩擦し、電気が発生して雷が生じる。

雷を伴う桜島の噴火
（気象庁HP、パンフレット『火山』より）

の象から虫けらのはてまで灰を吸わせろ、えい、畜生ども、何をぐずぐずしてるんだ。」

ラクシャンの若い第四子（しし）が
微笑（わら）って兄をなだめ出す。

「大兄さん、あんまり憤（おこ）らないで下さいよ。イーハトブさんが向（むこ）うの空で、また笑っていますよ。」

それからこんどは低くつぶやく。

「あんな【16】**銀の冠**（かんむり）を僕（ぼく）もほしいなあ。」

ラクシャンの狂暴な第一子も
少ししずまって弟を見る。

「まあいいさ、お前もしっかり支度（したく）をして次の噴火にはあのイーハトブの位になれ。十二ヶ月の中の九ヶ月をあの冠で飾（かざ）れるのだぞ。」

若いラクシャン第四子は
兄のことばは聞きながし
遠い東の
雲を被（かぶ）った高原を

【16】銀の冠
山の頂に雪が残っている状態を指す。「イーハトブさん」はおそらく岩手山のことで、一年のうち9か月も雪が残っているほど標高が高いことが読み取れる。ラクシャン第一子は次の噴火で岩手山ほど大きくなれと弟をはげましている。
なお、そのあとに出てくる「ヒームカさん」は岩手山の東にある姫神山であろう。

星のあかりに透し見て
なつかしそうに呟やいた。

「今夜はヒームカさんは見えないなあ。あのまっ黒な雲のやつは、ヒームカさんのおっかさんをマントの下にかくしてるんだ。僕一つ噴火をやってあいつを吹き飛ばしてやろうかな。」

ラクシャンの第三子が
少し笑って弟に云う。

「大へん怒ってるね。どうかしたのかい。ええ。あの東の雲のやつかい。あいつは今夜は雨をやってるんだ。ヒームカさんも【17】蛇紋石のきものがずぶぬれだろう。」

「兄さん。ヒームカさんはほんとうに美しいね。兄さん。この前ね、僕、ここからかたくりの花を投げてあげたんだよ。ヒームカさんのおっかさんへは白いこぶしの花をあげたんだよ。そしたら西風がね、だまって持って行って呉れたよ。」

「そうかい。ハッハ。まあいいよ。あの雲はあしたの朝はもう霽れ

【17】蛇紋石

暗緑～黄緑色の脂肪光沢をもつ鉱物。地下深くにあるかんらん石や輝石が、地下水の影響で分解して蛇紋石に変化する。蛇紋石になると柔らかく軽くなるので、浮力のはたらきで地表近くへ昇ってくる。なお、ヒームカは姫神山かと思われるが、姫神山はむしろ花こう岩の山地で、蛇紋石では早池峰山の方が有名。

蛇紋石を多く含む蛇紋岩

てるよ。ヒームカさんがまばゆい新しい碧いきものを着てお日さまの出るころは、きっと一番さきにお前にあいさつするぜ。そいつはもうきっとなんだ。」

「だけど兄さん。僕、今度は、何の花をあげたらいいだろうね。もう僕のとこには何の花もないんだよ。」

「うん、そいつはね、おれの所にね、桜草があるよ、それをお前にやろう。」

「ありがとう、兄さん。」

「やかましい、何をふざけたことを云ってるんだ。」

暴っぽいラクシャンの第一子が
金粉の怒鳴り声を
夜の空高く吹きあげた。

「ヒームカってなんだ。ヒームカって。

ヒームカって云うのは、あの向うの女の子の山だろう。よわむしめ。

あんなものとつきあうのはよせと何べんもおれが云ったじゃないか。

ぜんたいおれたちは【18】火から生れたんだぞ青ざめた水の中で生れ

【18】火から生れたんだぞ青ざめた水の中で生れたやつらとちがう

「火から生れた」はマグマが冷えてできる火成岩を、「水の中で生れた」は水底に堆積してできる堆積岩を示している。

上:堆積岩　右:火成岩

たやつらとちがうんだぞ。」
ラクシャンの第四子（しし）は
しょげて首を垂れたが
しずかな直（じ）かの兄が
弟のために長兄をなだめた。
「兄さん。ヒームカさんは血統はいいのですよ。火から生れたのですよ。立派なカンランガンですよ。」
ラクシャンの第一子は
尚更（なおさら）怒って
立派な金粉のどなりを
まるで火のようにあげた。
「知ってるよ。ヒームカは[19]**カンランガン**さ。火から生れたさ。それはいいよ。けれどもそんなら、一体いつ、おれたちのようにめざましい噴火をやったんだ。あいつは地面まで騰（のぼ）って来る途中で、もう疲れてやめてしまったんだ。今こそ地殻（ちかく）ののろのろのぼりや風や空気のおかげで、おれたちと肩（かた）をならべているが、元来おれたちと

【19】カンランガン
かんらん岩のこと。マグマが冷え固まってできる深成岩の一種。ほとんどかんらん石ばかりでできている。上部マントルを構成する岩石でもある。かんらん石が変化してできた蛇紋石も「火から生まれた」と言えるが、火山噴火によって地表に出てきたわけではないので、ラクシャン第一子は同じ生まれだと認めていない。

かんらん岩

はまるで生れ付きがちがうんだ。きさまたちには、まだおれたちの仕事がよくわからないのだ。[20]おれたちの仕事はな、地殻の底の底で、とけてとけて、まるでへたへたになった[21]岩漿（がんしょう）や、上から押（お）しつけられて古綿のようにちぢまった蒸気やらを取って来て、いざという瞬間（しゅんかん）には大きな黒い山の塊（かたまり）を、まるで粉々に引き裂（さ）いて飛び出す。煙（けむり）と火とを固めて空に抛（な）げつける。石と石とをぶっつけ合（あわ）せていなずまを起（おこ）す。百万の雷（かみなり）を集めて、地面をぐらぐら云（い）わせてやる。丁度、楢（なら）ノ木大学士というものが、おれのどなりをひょっと聞いて、びっくりして頭をふらふら、ゆすぶったようにだ。ハッハッハ。山も海もみんな濃（こ）い灰に埋（うず）まってしまう。平らな運動場のようになってしまう。その熱い灰の上でばかり、おれたちの魂（たましい）は舞踏（ぶとう）していい。いいか。もうみんな大さわぎだ。さて、その煙が納まって空気が奇麗（きれい）に澄（す）んだときは、こっちはどうだ、いつかまるで空へ届くくらい高くなって、まるでそんなこともあったかというような顔をして、銀か白金かの冠ぐらいをかぶって、きちんとすましているのだ

【20】おれたちの仕事……云わせてやる

地殻の底でどろどろに溶けたマグマや圧縮された水蒸気を溜め込み、大きな黒い山の塊を引き裂いて飛び出させ、噴煙とマグマを固めて空に放ち、粒子をぶつかりあわせて稲妻を起こし、火山性地震を発生させる……。火山噴火の一連の過程が、ラクシャン四兄弟の仕事である。

【21】岩漿

マグマのかつての呼称。漿は汁やとぎ汁を意味する漢字で、マグマを岩の汁にたとえた表現だったが、現在は学術的には使われていない。

ぞ。」

ラクシャンの第三子は

しばらく考えて云う。

「兄さん、私はどうも、そんなことはきらいです。私はそんな、まわりを熱い灰でうずめて、自分だけ一人高くなるようなそんなことはしたくありません。[22]水や空気がいつでも地面を平らにしようとしているでしょう。そして自分でもいつでも低い方低い方と流れて行くでしょう、私はあなたのやり方よりは、却ってあの方がほんとうだと思います。」

暴っぽいラクシャン第一子が

このときまるできらきら笑った。

きらきら光って笑ったのだ。

（こんな不思議な笑いようを

いままでおれは見たことがない、

愕くべきだ、立派なもんだ。）

楢ノ木学士が考えた。

【22】水や空気がいつでも地面を平らにしようとしている

水や空気、つまり水流や大気（風）が岩や土壌を削り、谷地形を作り、地表をしだいに低くしていく侵食作用を指している。

暴っぽいラクシャンの第一子が
ずいぶんしばらく光ってから
やっとしずまって斯う云った。

「水と空気かい。あいつらは朝から晩まで、俺らの耳のそば迄来て、世界の平和の為に、お前らの傲慢を削るとかなんとか云いながら、毎日こそこそ、俺らを擦って耗して行くが、まるっきりうそさ。何でもおれのきくとこに依ると、あいつらは海岸のふくふくした黒土や、美しい緑いろの野原に行って知らん顔をして溝を掘るやら、濠をこさえるやら、それはどうも実にひどいもんだそうだ。話にも何にもならんというこった。」

ラクシャンの第三子も
つい大声で笑ってしまう。

「兄さん。なんだか、そんな、こじつけみたいな、あてこすりみたいな、芝居のせりふのようなものは、一向あなたに似合いませんよ。」

ところがラクシャン第一子は
案外に怒り出しもしなかった。

きらきら光って大声で
笑って笑って笑ってしまった。
その笑い声の洪水は
空を流れて遥かに遥かに南へ行って
ねぼけた雷のようにとどろいた。

「うん、そうだ、もうあまり、おれたちのがらにもない小理窟は止そう。おれたちのお父さんにすまない。[23]お父さんは九つの氷河を持っていらしゃったそうだ。そのころは、ここらは、一面の雪と氷で白熊や雪狐や、いろいろなけものが居たそうだ。お父さんはおれが生れるときなくなられたのだ。」

俄かにラクシャンの末子が叫ぶ。

「火が燃えている。火が燃えている。大兄さん。大兄さん。ごらんなさい。だんだん拡がります。」

ラクシャン第一子がびっくりして叫ぶ。

「熔岩、用意っ。灰をふらせろ、えい、畜生、何だ、野火か。」

その声にラクシャンの第二子が

【23】お父さんは九つの氷河を持っていらしゃったそうだ。

四兄弟の父の時代、すなわち1万年前に終わった最後の氷河期には、日本にも多くの氷河があった。その証拠の一つである氷河地形（氷河の侵食・堆積によってできる地形）が日本アルプスや日高山脈などに残っている。また、近年北アルプスなどに氷河そのものが存在していることがわかった。

びっくりして眼をさまし、
その長い顎をあげて、
眼を釘づけにされたように
しばらく野火をみつめている。
「誰かやったのか。誰だ、誰だ、今ごろ。なんだ野火か。地面の埃
をさらさらさらっと掃除する、てまえなんぞに用はない。」
するとラクシャンの第一子が
ちょっと意地悪そうにわらい
手をばたばたと振って見せて
「石だ、火だ。熔岩だ。用意っ。ふん。」
と叫ぶ。
ばかなラクシャンの第二子が
すぐ釣り込まれてあわて出し
顔いろをぽっとほてらせながら
「おい兄貴、一吠えしようか。」
と斯う云った。

兄貴はわらう、

「一吠えってもう何十万年を、きさまはぐうぐう寝ていたのだ。それでもいくらかまだ力が残っているのか」

無精な弟は只一言

「ない」

と答えた。

そしてまた長い顎をうでに載せ、

ぽっかりぽっかり寝てしまう。

しずかなラクシャン第三子が

ラクシャンの第四子に云う

「空が大へん軽くなったね、あしたの朝はきっと晴れるよ。」

「ええ今夜は鷹が出ませんね」

兄は笑って弟を試す。

「さっきの野火で鷹の子供が焼けたのかな。」

弟は賢く答えた。

「鷹の子供は、もう余程、毛も剛くなりました。それに仲々強いから、きっと焼けないで遁げたでしょう」
兄は心持よく笑う。
「そんなら結構だ、さあもう兄さんたちはよくおやすみだ。梢ノ木大学士と云うやつもよく睡っている。さっきから僕等の夢を見ているんだぜ。」
するとラクシャン第四子がずるそうに一寸笑ってこう云った。
「そんなら僕一つおどかしてやろう。」
兄のラクシャン第三子が
「よせよせいたずらするなよ」
と止めたが
いたずらの弟はそれを聞かずに
光る大きな長い舌を出して
大学士の額をべろりと嘗めた。
大学士はひどくびっくりして
それでも笑いながら眼をさまし

寒さにがたっと顫（ふる）えたのだ。
いつか空がすっかり晴れて
まるで一面星が瞬（また）き
まっ黒な四つの岩頸（がんけい）が
ただしくもとの形になり
じっとならんで立っていた。

野宿第二夜

わが親愛な楢ノ木大学士は
例の長い外套（がいとう）を着て
夕陽（ゆうひ）をせ中に一杯（いっぱい）浴びて
すっかりくたびれたらしく
度々（たびたび）空気に噛（か）みつくような
大きな欠伸（あくび）をやりながら
平らな熊出街道（くまでかいどう）を

すたすた歩いて行ったのだ。
俄(にわ)かに道の右側に
がらんとした大きな石切場が
口をあいてひらけて来た。
学士は咽喉(のど)をこくっと鳴らし
中に入って行きながら
三角の石かけを一つ拾い
「ふん、ここも[24]角閃花崗岩(かくせんかこうがん)」と
つぶやきながらつくづくと
あたりを見れば石切場、
石切りたちも帰ったらしく
小さな笹(ささ)の小屋が一つ
淋(さび)しく隅(すみ)にあるだけだ。
「こいつはうまい。丁度いい。どうもひとのうちの門口(かどぐち)に立って、もしもし今晩は、私は旅の者ですが、日が暮(く)れてひどく困っています。今夜一晩泊(と)めて下さい。たべ物は持っていますから支度(したく)はなん

【24】角閃花崗岩
花こう岩はマグマが地下でゆっくり冷え固まった深成岩の一種である。基本的な構成鉱物は石英、長石、黒雲母であるが、それに角閃石が混じることがあり、その場合にはとくに角閃花こう岩という。

角閃花こう岩

にも要りませんなんて、へっ、こんなこと云うのは、もう考えても
いやになる。そこで今夜はここへ泊ろう。」
大学士は大きな近眼鏡を
ちょっと直してにやにや笑い
小屋へ入って行ったのだ。
土間には四つの石かけが
炉の役目をしその横には
榾［木の切れ端］もいくらか積んである。
大学士はマッチをすって
火をたき、それからビスケットを出し
もそもそ喰べたり手帳に何か書きつけたり
しばらくの間していたが
おしまいに火をどんどん燃して
ごろりと藁にねころんだ。
夜中になって大学士は
「うう寒い」

と云いながら
ばたりとはね起きて見たら
もうたきぎが燃え尽きて
ただのおきだけになっていた。
学士はいそいでたきぎを入れる。
火は赤く愉快に燃え出し
大学士は胸をひろげて
つくづくとよく暖る。
それから一寸外へ出た。
二十日の月は東にかかり
空気は水より冷たかった、
学士はしばらく足踏みをし
それからたばこを一本くわえマッチをすって
「ふん、実にしずかだ、夜あけまでまだ三時間半あるな。」
つぶやきながら小屋に入った。
ぼんやりたき火をながめながら

わらの上に横になり
手を頭の上で組み
うとうとうとうとした。
突然頭の下のあたりで
小さな声で物を云い合ってるのが聞えた。

【章末コラム】

「そんなに肱を張らないでお呉れ。おれの横の腹に病気が起るじゃないか。」

「おや、変なことを云うね、一体いつ僕が肱を張ったね」

「そんなに張っているじゃないか、ほんとうにお前この頃湿気を吸ったせいかひどくのさばり出して来たね」

「おやそれは私のことだろうか。お前のことじゃなかろうかね、お前もこの頃は頭でみりみり私を押しつけようとするよ。」

大学士は眼を大きく開き
起き上ってその辺を見まわしたが
誰も居らない様だった。
声はだんだん高くなる。

「何がひどいんだよ。お前こそこの頃はすこしばかり風を呑んだせいか、まるで人が変ったように意地悪になったね。」

「はてね、少しぐらい僕が手足をのばしたってそれをとやこうお前が云うのかい。十万二千年昔のことを考えてごらん。」

「十万何千年前とかがどうしたの。もっと前のことさ、十万百万千万年、千五百の万年の前のあの時をお前は忘れてしまっているのかい。まさか忘れはしないだろうがね。忘れなかったら今になって、僕の横腹を肱で押すなんて出来た義理かい。」

大学士はこの語を聞いて

すっかり愕ろいてしまう。

「どうも実に記憶のいいやつらだ。ええ、千五百の万年の前のその時をお前は忘れてしまっているのかい。まさか忘れはしないだろうがね、ええ。これはどうも実に恐れ入ったね、いったい誰だ。変に頭のいいやつは。」

大学士はまたそろそろと起きあがり

あたりをさがすが何もない。

声はいよいよ高くなる。

【章末コラム】「それはたしかに、あなたは僕の先輩（せんぱい）さ。けれどもそれがどうしたの。」

「どうしたのじゃないじゃないか。僕がやっと体骼（たいかく）と人格を完成してほっと息をついてるとお前がすぐ僕の足もとでどんな声をしたと思うね。こんな工合（ぐあい）さ。もし、【25】ホンブレンさま、ここの所で私もちっとばかり延びたいと思いまする。どうかあなたさまのおみあしさきにでも一寸（ちょっと）取りつかせて下さいませ。まあこういうお前のことばだったよ。」

楢ノ木学士は手を叩（たた）く。

「ははあ、わかった。ホンブレンさまと、一人は【25】ホルンブレンドだ。すると相手は誰だろう。わからんなあ。けれども、ふふん、こいつは面白（おもしろ）い。いよいよ今日も問答がはじまった。しめ、しめ、これだから野宿はやめられん。」

大学士は煙草（たばこ）を新（あた）らしく

一本出してマッチをする

【25】ホンブレン／ホルンブレンド

ホンブレンは角閃石の英語名。ホルンブレンドはそのドイツ語風の読み方。

黒く細長い棒状の鉱物が角閃石

声はいよいよ高くなる。

もっともいくら高くても
せいぜい蚊の軍歌ぐらいだ。

【章末コラム】「それはたしかにその通りさ、けれどもそれに対してお前は何と答えたね。いいえ、そいつは困ります、どうかほかのお方とご相談下さいと斯んなに立派にはねつけたろう。」

「おや、とにかくさ。それでもお前はかまわず僕の足さきにとりついたんだよ。まあ、そんなこと出来たもんだろうかね。もっとも誰かさんはできたようさ。」

「あてこするない。とりついたんじゃないよ。お前の足が僕の体骼の頭のとこにあったんだよ。僕はお前よりももっと前に生れた〔26〕**ジッコ**さんを頼んだんだよ。今だって僕はジッコさんは大事に大事にしてあげてるんだ。」

大学士はよろこんで笑い出す。

「はっはっは、ジッコさんというのは〔26〕**磁鉄鉱**だね、もうわかったさ、喧嘩の相手は〔27〕**バイオタイト**だ。して見るとなんでもこの

【26】ジッコ／磁鉄鉱

磁鉄鉱はマグマからできる火成岩を構成する造岩鉱物の一つ。名の通り磁性を帯びていて、磁石に引き寄せられる。マグマが冷えていく過程で、比較的早い段階で磁鉄鉱の結晶化が始まるため、本作でも年長者として頼りにされている様子が描かれている。

磁石にくっついた磁鉄鉱

【27】バイオタ／バイオタイト

バイオタイトは黒雲母の英語名。マグマの温度がかなり下がった頃に結晶化する鉱物で、薄くはがれやすい性質がある。風化しやすい鉱物でもある。

辺にさっきの花崗岩(かこうがん)のかけらがあるね、そいつの中の鉱物がかやかや物を云ってるんだね。」

なるほど大学士の頭の下に
支那(しな)［中国の古称］の六銭銀貨のくらいの
みかげのかけらが落ちていた。
学士はいよいよにこにこする。

「そうかい。そんならいいよ。お前のような恩知らずは〔28〕早く粘土(ねんど)になっちまえ。」

「おや、呪(のろ)いをかけたね。僕も引(ひ)っ込んじゃいないよ。さあ、お前のような、」

「一寸(ちょっと)お待ちなさい。あなた方は一体何をさっきから喧嘩してるんですか。」

新(あた)らしい二人の声が
一緒(いっしょ)にはっきり聞え出す。

「〔29〕**オーソクレ**さん。かまわないで下さい。あんまりこいつがわからないもんですからね。」

【28】早く粘土になっちまえ
花こう岩が風化すると、真砂土(まさど)と呼ばれる土になる。花こう岩を構成する鉱物のうち、石英は風化に強いが、黒雲母は一番早くに風化分解してなくなり、長石は粘土になる。

黒雲母

写真は花こう岩が風化した土壌

「双子さん。どうかかまわないで下さい。あんまりこいつが恩知らずなもんですからね。」

「ははあ、【30】双晶の【29】オーソクレースが仲裁に入った。これは実におもしろい。」

大学士はたきびに手をあぶり
顔中口にしてよろこんで云う。
二つの声がまた聞える。

「まあ、静かになさい。【31】僕たちは実に実に長い間堅く堅く結び合ってあのまっくらなまっくらなとこで一緒にまわりからのはげしい圧迫やすてきな強い熱にこらえて来たではありませんか。一時はあまりの熱と力にみんな一緒に気違いにでもなりそうなのをじっとこらえて来たではありませんか。」

「そうです、それは全くその通りです。けれども苦しい間は人をたのんで楽になると人をそねむのはぜんたいいい事なんでしょうか。」

「何だって。」

「ちょっと、ちょっと、ちょっとお待ちなさい。ね。【31】そして今

【29】オーソクレ／オーソクレース

オーソクレースは正長石の英語名。火成岩を作る造岩鉱物の一つで、特に花こう岩に多く含まれる。マグマが冷え固まる過程のほとんど最後に結晶化する。

淡い褐色の部分が正長石、灰色の部分が石英

【30】双晶

結晶が成長する時、同じ形の単結晶が重なって成長したり、対照的な形で接合したりしてできることがある。このような結晶を双晶という。

やっとお日さまを見たでしょう。そのお日さまも僕たちが前に土の底で【32】コングロメレートから聞いたとは大へんなちがいではありませんか。」

「ええ、それはもうちがってます。コングロメレートのはなしではお日さまはまっかで空は茶いろなもんだと云っていましたが今見るとお日さまはまっ白で空はまっ青です。あの人はうそつきでしたね。」

双子の声がまた聞えた。

「さあ、しかしあのコングロメレートという方は前にただの砂利(じゃり)だったころはほんとうに空が茶いろだったかも知れませんね。」

「そうでしょうか。とにかくうそをつくこととひとの恩を仇(あだ)でかえすのとはどっちも悪いことですね。」

「何だと、僕のことを云ってるのかい。よしさあ、僕も覚悟(かくご)があるぞ。決闘(けっとう)をしろ、決闘を。」

「まあ、お待ちなさい。ね、あのお日さまを見たときのうれしかったこと。どんなに僕らは叫(さけ)んだでしょう。千五百万年光というものを知らなかったんだもの。あの時鋼(はがね)の槌(つち)がギギンギギンと僕らの頭

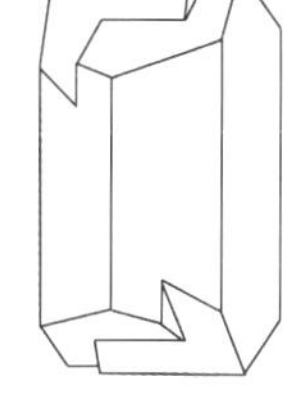

双晶のオーソクレース(正長石)と構造の模式図

【31】僕たちは実に実に長い間……／やっとお日さまを見たでしょう
花こう岩はマグマが地下で長い時間をかけてゆっくり冷え固まってできる。地下の高い圧力や熱に耐え、長い時間を経た後、人間に掘り出されてやっと地表に顔を出し日の目を見たことを鉱物たちが回想しているシーン。

【32】コングロメレート
礫岩の英語名。２㎜以上の粒径をもつ砂利が固まった堆積岩の一種である。水底にまで顔を出した花こう岩の基盤岩の上

にひびいて来ましたね。遠くの方で誰(だれ)かが、ああお前たちもとうとうお日さまの下へ出るよと叫んでいた、もう僕たちの誰と誰とが一緒になって誰と誰とがわかれなければならないか。一向判(わか)らなかったんですね。さよならさよならってみんな叫びましたねえ。そしたら急にパッと明るくなって僕たちは空へ飛びあがりましたねえ。あの時僕はお日さまの外に何か赤い光るものを見たように思うんですよ。」

「それは僕も見たよ。」

「僕も見たんだよ、何だったろうね、あれは。」

大学士はまた笑う。

「それはね、明らかにたがねのさきから出た火花だよ。パチッて云(い)ったろう。そして熱かったろう。」

ところが学士の声などは

鉱物どもに聞(きこ)えない。

「そんなら僕たちはこれからさきどうなるでしょう。」

双子の声がまた聞えた。

に土砂が溜まり、コングロメレートになることがあるので、花こう岩と礫岩が地下で話をする機会もあったように思われる。

または、花こう岩質マグマが礫岩層に貫入した時も、両者が接する。

礫岩層

「さあ、あんまりこれから愉快(ゆかい)なことでもないようですよ。僕が前にコングロメレートから聞きましたがどうも僕らはこのままた土の中にうずもれるかそうでなければ砂か粘土かにわかれてしまうだけなようですよ。この小屋の中に居たって安心にもなりません。内に居たって外に居たってたかが二千年もたって見れば結局おんなじことでしょう。」

大学士はすっかりおどろいてしまう。

「実にどうも達観してるね。この小屋の中に居たって外に居たってたかが二千年も経(た)って見れば粘土か砂のつぶになる、実にどうも達観してる。」

その時俄(にわ)かにピチピチ鳴りそれから〔27〕**バイオタ**が泣き出した。

「ああ、いた、いた、いた、いた、痛ぁい、いたい。」

「バイオタさん。どうしたの、どうしたの。」

「早く〔33〕**プラジョ**さんをよばないとだめだ。」

「ははあ、プラジョさんというのは〔33〕**プラジオクレース**で青白い

【33】プラジョ／プラジオクレース
プラジオクレースは斜長石の英語名。斜長石も火成岩の造岩鉱物の一つで、花こう岩にも含まれている。

斜長石

から医者なんだな。」

大学士はつぶやいて耳をすます。

「プラジョさん、プラジョさん。プラジョさん。」

「はあい。」

「バイオタさんがひどくおなかが痛がってます。どうか早く診て下さい。」

「はあい、なあにべつだん心配はありません。かぜを引いたのでしょう。」

「ははあ、こいつらは風を引くと腹が痛くなる。それがつまり【34】**風化**だな。」

大学士は眼鏡をはずし半巾で拭いて呟やく。

「プラジョさん。お早くどうか願います。只今気絶をいたしました。」

「はぁい。いまだんだんそっちを向きますから。ようっと。はい、はい。これは、なるほど。ふふん。一寸脈をお見せ、はい。こんどはお舌、ははあ、よろしい。そして第十八【35】**へきかい予備面**が痛

【34】風化／ふう病
地表に出ている岩石が風雨にさらされて砕かれ、土砂になること。【38】で示すように昼夜の温度差による収縮や、亀裂に水が入って凍り割れ目を広げること、酸性雨などが風化を推し進める。この物語の中では「ふう病」という鉱物がかかる病気とされている。

風化が進んだ花こう岩

【35】へきかい予備面
鉱物の物理的特徴として、ある方向に割れやすい面がある。この面を劈開面と呼

いと。なるほど、ふんふん、いやわかりました。どうもこの病気は恐いですよ。それにお前さんのからだは大地の底に居たときから[36]**慢性りょくでい病**にかかって大分軟化してますからね、どうも恢復の見込がありません。」

病人はキシキシと泣く。

「お医者さん。私の病気は何でしょう。いつごろ私は死にましょう。」

「さよう、病人が病名を知らなくてもいいのですがまあ[37]**蛭石病**の初期ですね、所謂[34]**ふう病**の中の一つ。俗にかぜは万病のもとと云いますがね。それから、ええと、も一つのご質問はあなたの命でしたかね。さよう、まあ長くても一万年は持ちません。お気の毒ですが一万年は持ちません。」

「あああ、さっきのホンブレンのやつの呪いが利いたんだ。」

「いや、いや。そんなことはない。けだし、風病にかかって土になることはけだしすべて吾人に免かれないことですから。けだし。」

「ああ、プラジョさん。どんな手あてをいたしたらよろしゅうございましょうか。」

ぶ。鉱物によって1面しかない場合と2、3、4面など複数の劈開面をもつものがある。雲母には1面の割れやすい方向があり、その方向であれば何枚にもはがすことができる。予備面ははがれる可能性のある面のこと。

黒雲母は一方向に割れ、はがれやすい

【36】慢性りょくでい病

雲母などが風化すると緑泥石化することを病気にたとえている。慢性としているのは、長い期間にわたって風化が進行するためだろう。

「さあ、そう云う工合に泣いているのは一番よろしくありません。[38]からだをねじってあちこちのへきかいよび面にすきまをつくるのはなおさら、よろしくありません。その他風にあたれば病気のしょうけつを来します。日にあたれば病勢がつのります。霜にあたれば病勢が進みます。露にあたれば病状がこう進します。雪にあたれば症状が悪変します。じっとしているのはなおさらよろしくありません。それよりは、その、精神的に眼をつむって観念するのがいいでしょう、わがこの恐れるところの死なるものは、そもそも何であるか、その本質はいかん、生死巌頭に立って、おかしいぞ、はてな、おかしい、はて、これはいかん、あいた、いた、いた、いた、いた、」

「プラジョさん、プラジョさん、しっかりなさい。一体どうなすったのです。」

「うむ、私も、うむ、風病のうち、うむ、うむ。」

「苦しいでしょう、これはほんとうにお気の毒なことになりました。」

「うむ、うむ、いいえ、苦しくありません。うむ。」

「何かお手あていたしましょう。」

緑泥石（緑の部分）化した雲母

【37】蛭石
園芸用の土などに含まれるバーミキュライトのこと。雲母は風化し変質すると蛭石になる。

【38】からだをねじって……悪変します
岩は日に当たって温度が上がると膨張し、雪や霜にあたれば今度は収縮する。このような気温変化による膨張と収縮が岩石の割れ目を広げ、風化を進行させることを擬人的に説明している。

「うむ、うむ、実はわたくしも地面の底から、うむ、うむ、大分【39】**カオリン**病にかかっていた、うむ、オーソクレさん、オーソクレさん。うむ、今こそあなたにも明(あか)します。あなたも丁度わたし同様の病気です。うむ。」

「ああ、やっぱりさようでございましたか。全く、全く、全く、実に、実に、あいた、いた、いた、いた。」

そこでホンブレンドの声がした。

「ずいぶん神経過敏(かびん)な人だ。すると病気でないものは僕と【40】**クォーツ**さんだけだ。」

「うむ、うむ、そのホンブレンもバイオタと同病。」

「あ、いた、いた、いた。」

「おや、おや、どなたもずいぶん弱い。健康なのは僕一人。」

「うむ、うむ、そのクォーツさんもお気の毒ですが【41】クウショウ中の瓦斯(ガス)が病因です。うむ。」

「あいた、いた、いた、いた。た。」

「ずいぶんひどい医者だ。漢方の藪医(やぶい)だな。とうとうみんな風化か

【39】カオリン
花こう岩に含まれる長石は風化すると粘土に変わるが、その粘土鉱物をカオリンという。

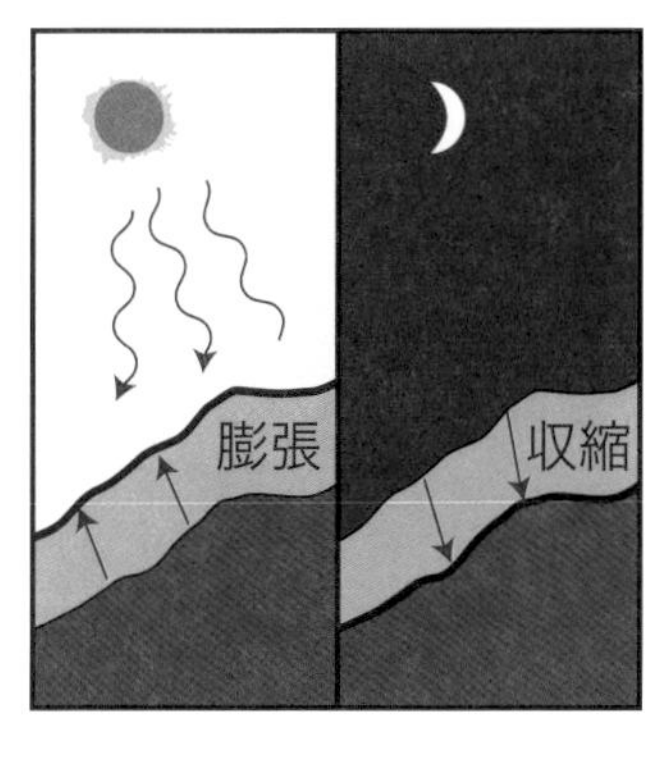

【40】クォーツ
花こう岩の造岩鉱物の一つである石英のこと。中でも特徴的な六角柱の自形をとっている結晶は水晶と呼ばれる。結晶化の始まる時期は遅め。

【41】クウショウ中の瓦斯が病因
空晶は鉱物の内部にできた空洞で、その

な。」
大学士はまた新(あた)らしく
たばこをくわえてにやにやする。
耳の下では鉱物どもが
声をそろえて叫んでいた。
「あ、いた、いた、いた、た、たた。」
みんなの声はだんだん低く
とうとうしんとしてしまう。
「はてな、みんな死んだのか。あるいは僕だけ聞(きこ)えなくなったのか。」
大学士は【42】**みかげ**のかけらを
手にとりあげてつくづく見て
パチッと向うの隅(すみ)へ弾(はじ)く。
それから榾(ほだ)を一本くべた。
その時はもうあけ方で
大学士は背嚢(はいのう)から
巻煙草(まきたばこ)を二包み出して

鉱物ができるときに残された気体や別の鉱物がその中に含まれていることがある。

【42】みかげ
花こう岩の別名、みかげ石。花こう岩の名産地である兵庫県神戸市の御影という地名からきている。

榾のお礼に藁に置き
背嚢をしょい小屋を出た。
石切場の壁はすっかり白く
その西側の面だけに
月のあかりがうつっていた。

野宿第三夜

（どうも少し引き受けようが軽率だったな。グリーンランドの成金がびっくりする程立派な蛋白石などを、二週間でさがしてやろうなんてのは、実際少し軽率だった。

どうも斯う人の居ない海岸などへ来て、つくづく夕方歩いているとと東京のまちのまん中で鼻の赤い連中などを相手にして、いい加減の法螺を吹いたことが全く情けなくなっちまう。どうだ、この【43】頁岩の陰気なこと。全くいやになっちまうな。おまけに海も暗く

【43】頁岩
泥岩に少しの圧力がかかって薄く積み重なったようになった岩石を頁岩という。圧力による変成の度合いが高くなるにつれて、泥岩→頁岩→粘板岩→千枚岩→結晶片岩へと変わる。

なったし、なかなか、流紋玻璃にも出っ会わさない。それに今夜もやっぱり野宿だ。野宿も二晩ぐらいはいいが、三晩となっちゃうんざりするな。けれども、まあ、仕方もないさ。ビスケットのあるうちは、歩いて野宿して、面白い夢でも見る分が得というもんだ。）

例の楢ノ木大学士が
衣嚢に両手を突っ込んで
少しせ中を高くして
つくづく考え込みながら
もう夕方の鼠いろの
頁岩の波に洗われる
海岸を大股に歩いていた。
全く海は暗くなり
そのほのじろい波がしらだけ
一列、何かけもののように見えたのだ。
いよいよ今日は歩いても
だめだと学士はあきらめて

ぴたっと岩に立ちどまり
しばらく黒い海面と
向うに浮ぶ腐った馬鈴薯のような雲を
眺めていたが、またポケットから
煙草を出して火をつけた。
それからくるっと振り向いて
陸の方をじっと見定めて
急いでそっちへ歩いて行った。
そこには低い崖があり
崖の脚には多分は【44】**濤で**
削られたらしい小さな洞があったのだ。
大学士はにこにこして
中へはいって背嚢をとる。
それからまっくらなとこで
もしゃもしゃビスケットを喰べた。
ずうっと向うで一列濤が鳴るばかり。

【44】濤で削られたらしい小さな洞
海岸の崖に波が打ちつけ、崖が削られてできた穴を海食洞という。

「ははあ、どうだ、いよいよ宿がきまって腹もできると野宿もそんなに悪くない。さあ、もう一服やって寝よう。あしたはきっとうまく行く。その夢を今夜見るのも悪くない。」

大学士の吸う巻煙草が
ポツンと赤く見えるだけ、

「斯う納まって見ると、我輩もさながら、洞熊か、洞窟住人だ。ところでもう寝よう。

闇の向うで
濤がぼとぼと鳴るばかり
鳥も啼かなきゃ
洞をのぞきに人も来ず、と。ふん、斯んなあんばいか。寝ろ、寝ろ。」

大学士はすぐとろとろする
疲れて睡れば夢も見ない
いつかすっかり夜が明けて
昨夜の続きの頁岩が

青白くぼんやり光っていた。
大学士はまるでびっくりして
急いで洞を飛び出した。
あわてて帽子を落しそうになり
それを押えさえもした。

「すっかり寝過ごしちゃった。ところでおれは一体何のために歩いているんだったかな。ええと、よく思い出せないぞ。たしかに昨日も一昨日も人の居ない処をせっせと歩いていたんだが。いや、もっと前から歩いていたぞ。もう一年も歩いているぞ。その目的はと、はてな、忘れたぞ。こいつはいけない。目的がなくて学者が旅行をするということはない、必ず目的があるのだ。[45]化石じゃなかったかな。ええと、どうか[46]第三紀の人類に就いてお調べを願います、と、誰か云ったようだ。いいや、そうじゃない、[47]白堊紀の巨きな爬虫類の骨骼を博物館の方から頼まれてあるんですがいかがでございましょう、一つお探しを願われますまいかと、斯うじゃなかったかな。斯うだ、斯うだ、ちがいない。さあ、ところでここ

【45】化石
生物の遺体そのものや、遺体が分解されて他の成分と入れ替わったもの、岩に残った足跡やフンなど、地質時代の生物が存在していた痕跡を化石という。

貝の化石。遺骸そのもの（凸型）も、それが土壌に転写された凹型も、どちらも化石である

【46】第三紀
かつて使われていた地質の時代区分。現在は新第三紀と古第三紀に分けられている。詳しくは第1章【5】を参照。

【47】白堊紀（白亜紀）
地質時代の区分の一つ。地質学では、地上に生命が誕生してから現代までを先カンブリア時代、古生代、中生代、新生代

は【48】白堊系の頁岩だ。もうここでおれは探し出すつもりだったん
だ。なるほど、はじめてはっきりしたぞ。さあ探せ、【49】恐竜の骨
骼だ。恐竜の骨骼だ。」
学士の影は
黒く頁岩の上に落ち
大股に歩いていたから
踊っているように見えた。
海はもの凄いほど青く
空はそれよりまた青く
幾きれかのちぎれた雲が
まばゆくそこに浮いていた。
「おや出たぞ。」
楢ノ木大学士が叫び出した。
その灰いろの頁岩の
平らな奇麗な【50】層面に
直径が一米ばかりある

に分けている。そのうち中生代はいわゆる恐竜の時代で、三畳紀、ジュラ紀、白亜紀の３つに区分されている。白亜紀は約１億４５００万年前〜６６００万年前までを言い、温暖な気候のもと、多様な陸上生物が発展した。

【48】白堊系（白亜系）
「系」は紀単位の地層を示す言葉で、白亜紀の地層という意味。代単位では「古生界」「中生界」というように「界」を使う。

【49】恐竜
中生代に繁栄した爬虫類の一種であるが、中生代末で絶滅している。日本では18道県で恐竜化石が見つかっている。日本で最初に見つかった恐竜化石は１９７８年に岩手県岩泉で発見されたモシリュウの化石とされていた。ところが１９６５年に山口県で見つかっていた岩石が、後に恐竜の卵の化石だと判明したので、現在はこれが日本最古の恐竜化石となる。

五本指の【51】**足あと**が
深く喰い込んでならんでいる。
所々上の岩のために
かくれているが足裏の
皺まではっきりわかるのだ。
「さあ、見附けたぞ。この足跡の尽きた所には、きっとこいつが倒れたまま化石している。巨きな骨だぞ。まず背骨なら二十米はあるだろう。巨きなもんだぞ。」
大学士はまるで雀躍して
その足あとをつけて行く。
足跡はずいぶん続き
どこまで行くかわからない。
それに太陽の光線は赭く
たいへん足が疲れたのだ。
どうもおかしいと思いながら
ふと気がついて立ちどまったら

【50】層面
地層面のこと。断面では見えないが、地層が水平面に広がっているようなところでは見ることができる。地層面は海岸などでよく露出している。

地層の断面の間に、部分的に地層面が見えている

【51】足あと
足跡を調べることで地質時代の生物の種類や生活・行動様式などを推定することができるため、足跡も立派な化石である。

なんだか足が柔(やわ)らかな
泥(どろ)に吸われているようだ。
堅(かた)い頁岩(けつがん)の筈(はず)だったと思って
楢ノ木大学士はうしろを向いた。
そしたら全く愕(おどろ)いた。
さっきから一心に跡(つ)けて来た
巨(おお)きな、蟇(がま)の形の足あとは
なるほどずうっと大学士の
足もとまでつづいていて
それから先ももっと続くらしかったが
も一つ、どうだ、大学士の
銀座でこさえた長靴(ながぐつ)の
あともぞろっとついていた。

「こいつはひどい。我輩(わがはい)の足跡までこんなに深く入るというのは実際少し恐(おそ)れ入った。けれどもそれでも探求の目的を達することは達するな。少し歩きにくいだけだ。さあもう斯(こ)うなったらどこまでだ

海岸に出ている地層面に見られる恐竜の足跡化石

って追って行くぞ。」
学士はいよいよ大股に
その足跡をつけて行った。
どかどか鳴るものは心臓
ふいごのようなものは呼吸、
そんなに一生けん命だったが
またそんなにあたりもしずかだった。
大学士はふと波打ぎわを見た。
濤がすっかりしずまっていた。
たしかにさっきまで
寄せて吠えて砕けていた濤が
いつかすっかりしずまっていた。
「こいつは変だ。おまけに[52]ずいぶん暑いじゃないか。」
大学士はあおむいて空を見る。
太陽はまるで熟した苹果のようで
そこらも無暗に赤かった。

【52】ずいぶん暑い
恐竜のいる中生代の水際に迷いこんだ大学士は、当時の気候を体験している。恐竜のさかえた白亜紀の気候は現在よりかなり温暖であった。

「ずいぶんいやな天気になった。それにしてもこの[53]太陽はあんまり赤い。きっとどこかの火山が爆発をやった。その細かな火山灰が正しく上層の気流に混じて地球を包囲しているな。けれどもそれだからと云って我輩のこの追跡には害にならない。もうこの足あとの終るところにあの途方もない爬虫の骨がころがってるんだ。我輩はその地点を記録する。もう一足だぞ。」

大学士はいよいよ勢こんで
その足跡をつけて行く。
ところが間もなく泥浜は
岬のように突き出した。

「さあ、ここを一つ曲って見ろ。すぐ向う側にその骨がある。けれども事によったらすぐ無いかも知れない。すぐなかったらも少し追って行けばいい。それだけのことだ。」

大学士はにこにこ笑い
立ちどまって巻煙草を出し
マッチを擦って煙を吐く。

【53】太陽があんまり赤い……上層の気流に混じて地球を包囲している

日の出・日の入りの太陽が赤く見えるのは、天頂からよりも地平線近くからの方が日光が大気中を進む距離が長くなり、波長の短い青系の光は大気中の粒子に拡散してしまい、波長の長い赤い光だけが届くからである。

大きな火山活動により大量の火山灰や粉塵が大気に放出された際も同様に太陽光が赤く見えることがある。火山灰や粉塵は、地球を取り巻く大きな大気の流れに乗って広く拡散されるので、火山から離れた場所でもこの現象は起きうる。

それからわざと顔をしかめ
ごくおうように大股(おおまた)に
岬をまわって行ったのだ。
ところがどうだ名高い楢ノ木大学士が
釘付(くぎづ)けにされたように立ちどまった。
その眼(め)は空(むな)しく大きく開き
その膝(ひざ)は堅くなってやがてふるえ出し
煙草もいつか泥に落ちた。
青ぞらの下、向うの泥の浜の上に
その足跡の持ち主の
途方もない途方もない【54】雷竜(らいりゅう)氏が
いやに細長い頸(くび)をのばし
汀(なぎさ)の水を呑(の)んでいる。
長さ十間、ざらざらの
鼠(ねずみ)いろの皮の雷竜が
短い太い足をちぢめ

【54】雷竜

雷トカゲとも呼ばれるブロントサウルスを指していると思われる。ブロントサウルスは竜脚下目に属し、ディプロドクス、アパトサウルス、ブラキオサウルス、ティタノサウルスなど長い頸をもった体の大きい植物食恐竜の分類に属する。体重15トン、全長22ｍもあった。

ブロントサウルスの復元図

厭(いや)らしい長い頸(くび)をのたのたさせ
小さな赤い眼を光らせ
チュウチュウ水を呑(の)んでいる。
あまりのことに楢ノ木大学士は
頭がしいんとなってしまった。
「一体これはどうしたのだ。【55】中生代に来てしまったのか。中生代がこっちの方へやって来たのか。ああ、どっちでもおんなじことだ。とにかくあすこに雷竜(らいりゅう)が居て、こっちさえ見ればかけて来る。大学士も魚も同じことだ。見るなよ、見るなよ。僕はいま、ごくこっそりと戻(もど)るから。どうかしばらく、こっちを向いちゃいけないよ。」
いまや楢ノ木大学士は
そろりそろりと後退(あとずさ)りして
来た方へ遁(に)げて戻る。
その眼はじっと雷竜を見
その手はそっと空気を押(お)す。
そして雷竜の太い尾が

【55】中生代
地質時代の名称の一つ。2億5200万年前～6600万年前の期間をさし、恐竜やアンモナイトが栄えた。植物ではイチョウなどの裸子植物の全盛期である。

まず見えなくなりその次に
山のような胴がかくれ
おしまい黒い舌を出して
びちょびちょ水を呑んでいる
蛇に似たその頭がかくれると
大学士はまず助かったと
いきなり来た方へ向いた。
その足跡さへずんずんたどって
遁げてさえ行くならもう直きに
汀に濤も打って来るし
空も赤くはなくなるし
足あとももう泥に食い込まない
堅い頁岩の上を行く。
崖にはゆうべの洞もある
そこまで行けばもう大丈夫
こんなあぶない探険などは

今度かぎりでやめてしまい
博物館へも断わらせて
東京のまちのまん中で
赤い鼻の連中などを
相手に法螺（ほら）を吹いていればいい。
大体こんな計算だった。
それもまるきり電（いなずま）のような計算だ。
ところが楢ノ木大学士は
も一度ぎくっと立ちどまった。
その膝（ひざ）はもうがたがたと鳴り出した。
見たまえ、学士の来た方の
泥の岸はまるでいちめん
うじゃうじゃの雷竜（らいりゅう）どもなのだ。
まっ黒なほど居（お）ったのだ。
長い頸（くび）を天に延ばすやつ
頸をゆっくり上下に振（ふ）るやつ

急いで水にかけ込むやつ
実にまるでうじゃうじゃだった。
「もういけない。すっかりうまくやられちゃった。いよいよおれも食われるだけだ。大学士の号も一所になくなる。雷竜はあんまりひどい。前にも居るしうしろにも居る。まあただ一つたよりになるのはこの岬の上だけだ。そこに登っておれは助かるか助からないか、事によったら【56】**新生代の沖積世**が急いで助けに来るかも知れない。
さあ、もうたったこの岬だけだぞ。」
学士はそっと岬にのぼる。
まるで蕈とあすなろとの
合の子みたいな変な木が
崖にもじゃもじゃ生えていた。
そして本当に幸なことは
そこには雷竜がいなかった。
けれども折角登っても
そこらの景色は

【56】新生代の沖積世
地質時代の時代名。中生代末に恐竜が絶滅して、哺乳類が栄え始めた6600万年前～現代までを新生代といい、さらに古第三紀、新第三紀、第四紀に分けられる。このうち、現代にまで至る最も新しい時期である第四紀は更新世と完新世に分けられるが、この2つはかつては洪積世と沖積世と呼ばれていた。沖積層は現在の河川や海の堆積作用で形成され、平野などの低地を作るもっとも新しい地層である。

あんまりいいというでもない、
岬(みさき)の右も左の方も
泥の渚(なぎさ)は、もう一めんの雷竜(らいりゅう)だらけ
実にもじゃもじゃしていたのだ。
水の中でも黒い白鳥のように
頭をもたげて泳いだり
頸(くび)をくるっとまわしたり
その厭(いや)らしいこと恐(こわ)いこと
大学士はもう眼をつぶった。
ところがいつか大学士は
自分の鼻さきがふっふっ鳴って
暖いのに気がついた。
「とうとう来たぞ、喰(く)われるぞ。」
大学士は観念をして眼をあいた。
大(おお)きさ二尺の四っ角な
まっ黒な雷竜の顔が

すぐ眼の前までにゅうと突き出され
その眼は赤く熟したよう。
その頸は途方もない向うの
鼠いろのがさがさした胴まで
まるで管のように続いていた。
大学士はカーンと鳴った。
もう喰われたのだ、いやさめたのだ。
眼がさめたのだ、洞穴は
まだまっ暗で恐らくは
十二時にもならないらしかった。
そこで楢ノ木大学士は
一つ小さなせきばらいをし
まだ雷竜がいるようなので
つくづく闇をすかして見る。
外ではたしかに濤の音
「なあんだ。馬鹿にしてやがる。もう睡れんぞ。寒いなあ。」

またたばこを出す。火をつける。

楢ノ木大学士は宝石学の専門だ。
その大学士の小さな家
「貝の火兄弟商会」の
赤鼻の支配人がやって来た。
「先生お手紙でしたから早速とんで来ました。大へんお早くお帰りでした。ごく上等のやつをお見あたりでございましたか、何せ相手がグリーンランドの途方もない成金ですからありふれたものじゃなかなか承知しないんです。」
大学士は葉巻を横にくわえ
雲母紙を張った天井を
斜めに見ながらこう云った。
「うん探して来たよ、僕は一ぺん山へ出かけるともうどんなもんでも見附からんと云うことは断じてない、けだしすべての宝石はみな僕をしたってあつまって来るんだね。いやそれだから、此度なんかもまったくひどく困ったよ。殊に君注文が割合に柔らかな蛋白石だろう。僕がその山へ入ったら蛋白石どもがみんなざらざら飛びついて来てもうどうしてもはなれないじゃないか。それが君みんな【57】貴蛋白石(プレシアスオーパル(ママ))の火の燃えるようなやつなんだ。望みのとおりみんな背嚢の中に納めてやりたいことはもちろんだったが、それでは僕も身動きもできなくなるのだから気の毒だったがその中からごくいいやつだけ撰んださ。」

「ははあ、そいつはどうも、大へん結構でございました。しかし、そのお持ち帰りになりました分はいずれでございますか。一寸拝見をねがいとう存じます。」

「ああ、見せるよ。ただ僕はあんな立派なやつだから、事によったらもうすっかり曇ったじゃないかと思うんだ。実際蛋白石ぐらいたよりのない宝石はないからね。【58】今日虹のように光っている。あしたは白いただの石になってしまう。今日は円くて美しい。あしたは砕けてこなごなだ。そいつだね、こわいのは。しかしとにかく開いて見よう。この背嚢さ。」

【57】貴蛋白石

オパール（蛋白石）の中でも遊色（赤や青色の輝きがちらちらと虹のように見える現象）をともなう美しいオパールをプレシャス・オーパルといい、特に価値の高い宝石とされている。日本ではかつて福島県にプレシャス・オパールの産地があったが、現在はなくなった。

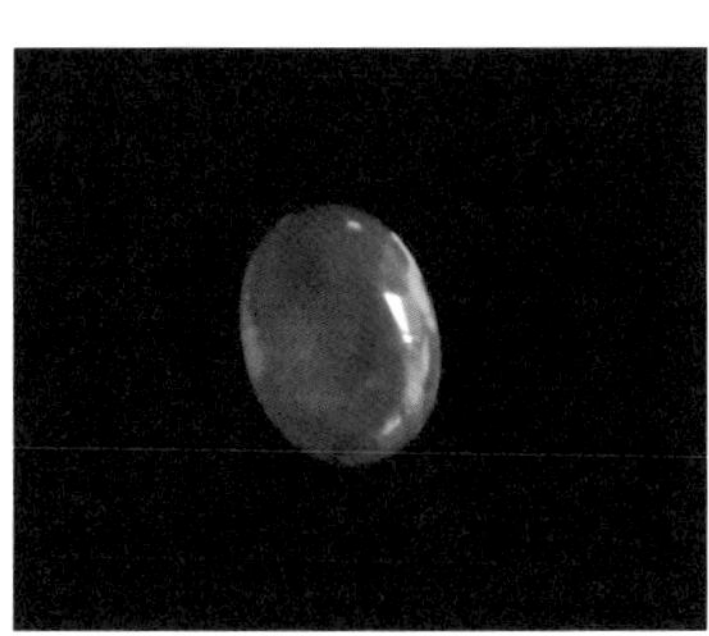

プレシャス・オパール

「なるほど。」
貝の火兄弟商会の
鼻の赤いその支配人は
こくっと息を呑みながら
大学士の手もとを見つめている。
大学士はごく無雑作に
背嚢をあけて逆さにした。
下等な【58】**玻璃蛋白石**が
三十ばかりころげだす。
「先生、困るじゃありませんか。先生、これでは、何でも、あんまりじゃありませんか。」
楢ノ木大学士は怒り出した。
「何があんまりだ。僕の知ったこっちゃない。ひどい難儀をしてあるんだ。旅費さえ返せばそれでよかろう。さあ持って行け。帰れ、帰れ。」
大学士は上着の衣嚢から

【58】今日虹のように光っている。あしたは白いただの石／玻璃蛋白石
オパールの遊色効果は石から水分が抜けると消えてしまうことがある。そのためプレシャス・オパールは水の中で保存する必要がある。楢ノ木大学士は、虹のように光るオパールを採集したが持って帰るまでに水分が飛んで遊色が消え、ただの玻璃蛋白石（ガラス質のオパール）になったと弁解しているのである。

遊色効果のないオパール

鼠いろの皺くちゃになった状袋を
出していきなり投げつけた。
「先生困ります。あんまりです。」
貝の火兄弟商会の
赤鼻の支配人は云いながら
すばやく旅費の袋をさらい
上着の内衣嚢に投げ込んだ。
「帰れ、帰れ、もう来るな。」
「先生、困ります。あんまりです。」
とうとう貝の火兄弟商会の
赤鼻の支配人は帰って行き
大学士は葉巻を横にくわえ
雲母紙を張った天井を
斜めに見ながらにやっと笑う。

column

花こう岩の中から聞こえる、鉱物たちのいさかい

角閃石は黒雲母の先輩

マグマが冷え固まる過程でさまざまな鉱物が結晶化し（晶出）、鉱物の結晶が噛み合って火成岩ができる。

この物語に登場する花こう岩も火成岩の一種で、石英、斜長石、黒雲母、磁鉄鉱などからできているが、晶出が始まる温度は鉱物によって異なる。

ホンブレンがバイオタイトに対して先輩風を吹かすのは、角閃石の方が黒雲母よりもやや早く晶出し始めるからである。しかし、バイオタイトはさらに早くから晶出を始める磁鉄鉱の方を頼りにしたと反論している。

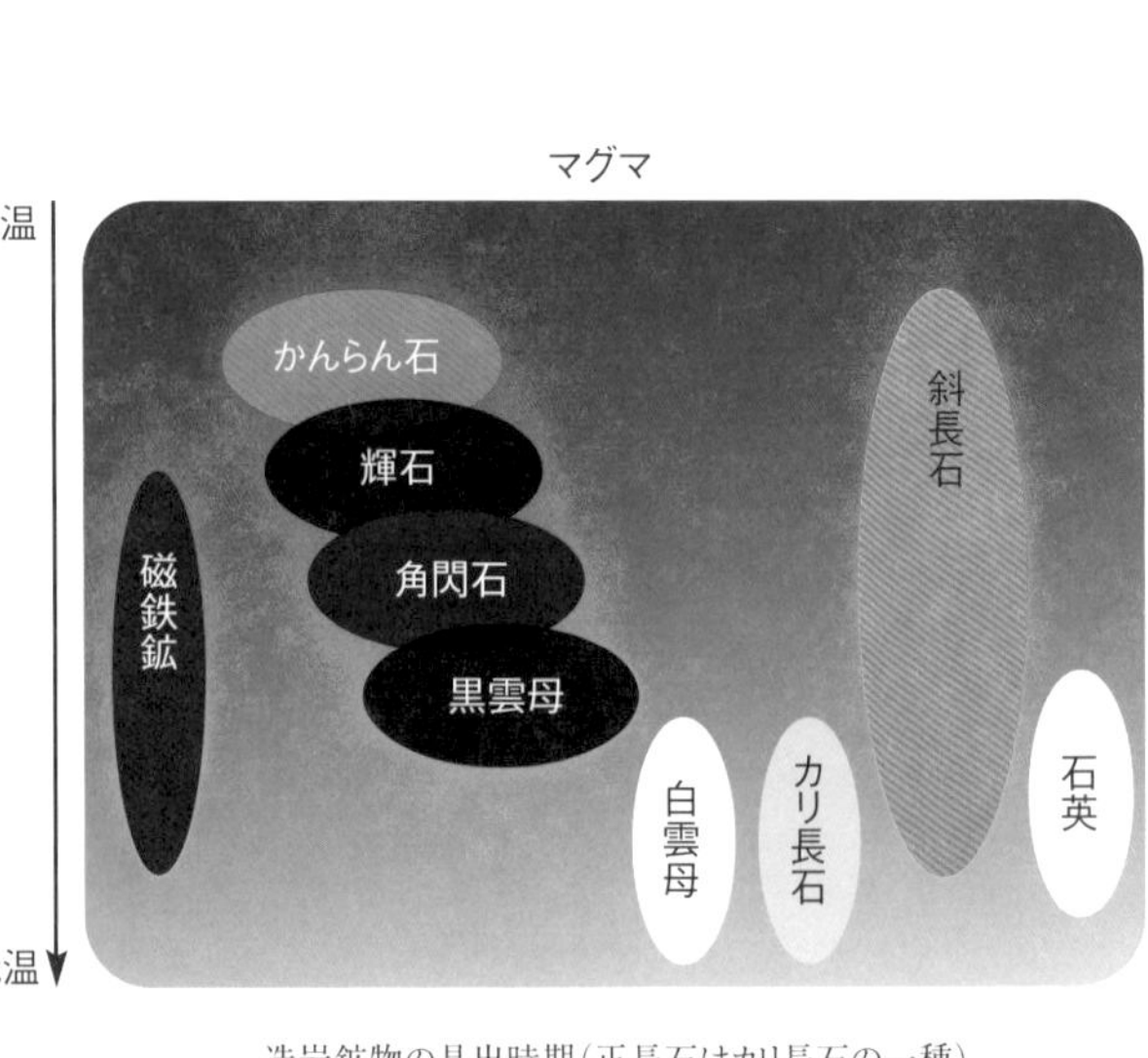

造岩鉱物の晶出時期（正長石はカリ長石の一種）

肱を張らないで

晶出にあたって、結晶はそれぞれの固有の結晶面を発達させた形（自形）を取ろうと、まさに手足を伸ばすように成長する。しかし実際には複数の鉱物が順に結晶を作り始めるので、となり合う別の結晶によって制約された形（他形）になる。

ホンブレンとバイオタイトが、十万二千年前や千五百万年前のことを思い出せと言い合っているのは、まさにこの結晶どうしの晶出順と、成長を制約しあう様子を表している。角閃石がほぼ自形を完成させようというタイミングで黒雲母の晶出が始まり、足先にとりついて成長させて欲しいと頼んだのである。

鉱物の病気、風化

長い時間が経つと岩石の風化が始まる。

風化するタイミングも鉱物によって異なるが、花こう岩の造岩鉱物の中ではまず黒雲母から始まる。水分を含み膨張し始めるので、周りにあるほかの鉱物を押し始めるのである。これを隣の角閃石が迷惑がって、肱を張らないでくれと言っているのである。

一方、角閃石も「頭でみりみり私を押し付けようとする」と苦情を言われているが、角閃石も風化しやすい鉱物であるから、風化で膨張を始めて、黒雲母をみりみり圧迫しているのだろう。

第3章

グスコーブドリの伝記

グスコーブドリの伝記

(一) 森

グスコーブドリは、イーハトーヴの大きな森のなかに生まれました。おとうさんは、グスコーナドリという名高い木こりで、どんな大きな木でも、まるで赤ん坊を寝かしつけるようにわけなく切ってしまう人でした。

ブドリにはネリという妹があって、二人は毎日森で遊びました。ごしっごしっとおとうさんの木を挽く音が、やっと聞こえるくらいな遠くへも行きました。二人はそこで木いちごの実をとってわき水につけたり、空を向いてかわるがわる山鳩の鳴くまねをしたりしました。するとあちらでもこちらでも、ぽう、ぽう、と鳥が眠そうに鳴き出すのでした。

おかあさんが、家の前の小さな畑に麦を播いているときは、二人はみちにむしろをしいてすわって、ブリキかんで蘭の花を煮たりしました。するとこんどは、もういろいろの鳥が、二人のぱさぱさした頭の上を、まるで挨拶(あいさつ)するように鳴きながらざあざあざあざあ通りすぎるのでした。

ブドリが学校へ行くようになりますと、森はひるの間たいへんさびしくなりました。そのかわりひるすぎには、ブドリはネリといっしょに、森じゅうの木の幹に、赤い粘土や消し炭で、木の名を書いてあるいたり、高く歌ったりしました。

ホップのつるが、両方からのびて、門のようになっている白樺(しらかば)の木には、

「カッコウドリ、トオルベカラズ」と書いたりもしました。

そして、ブドリは十になり、ネリは七つになりました。ところがどういうわけですか、その年は、お日さまが春から変に白くて、いつもなら雪がとけるとまもなく、まっしろな花をつけるこぶしの木もまるで咲かず、五月になってもたびたび【1】霙(みぞれ)がぐしゃぐしゃ降り、【2】七月の末になってもいっこうに暑さが来ないために、去年播(ま)いた麦も粒の入らない白い穂しかできず、たいていの果物(くだもの)も、花

【1】霙

霙は雨混じりに降る雪、または解けかかって降る雪のこと。上空から雪が降ってくる途中、地上付近の気温が高いと雪が解けて雨となるが、一部が解け残ると雪と雨が混じった状態になる。霙を予報することは難しいので、気象庁の予報文では「雪または雨」「雨または雪」と表現する。

が咲いただけで落ちてしまったのでした。

そしてとうとう秋になりましたが、やっぱり栗の木は青いからのいがばかりでしたし、みんなでふだんたべるいちばんたいせつなオリザという穀物［稲のこと］も、一つぶもできませんでした。野原ではもうひどいさわぎになってしまいました。

ブドリのおとうさんもおかあさんも、たびたび薪を野原のほうへ持って行ったり、冬になってからは何べんも大きな木を町へそりで運んだりしたのでしたが、いつもがっかりしたようにして、わずかの麦の粉などもって帰ってくるのでした。それでもどうにかその冬は過ぎて次の春になり、畑にはたいせつにしまっておいた種も播かれましたが、その年もまたすっかり前の年のとおりでした。そして秋になると、とうとうほんとうの[3]飢饉になってしまいました。もうそのころは学校へ来るこどももまるでありませんでした。ブドリのおとうさんもおかあさんも、すっかり仕事をやめていました。そしてたびたび心配そうに相談しては、かわるがわる町へ出て行って、やっとすこしばかりの黍の粒など持って帰ることもあれば、な

【2】七月の末になってもいっこうに暑さが来ない

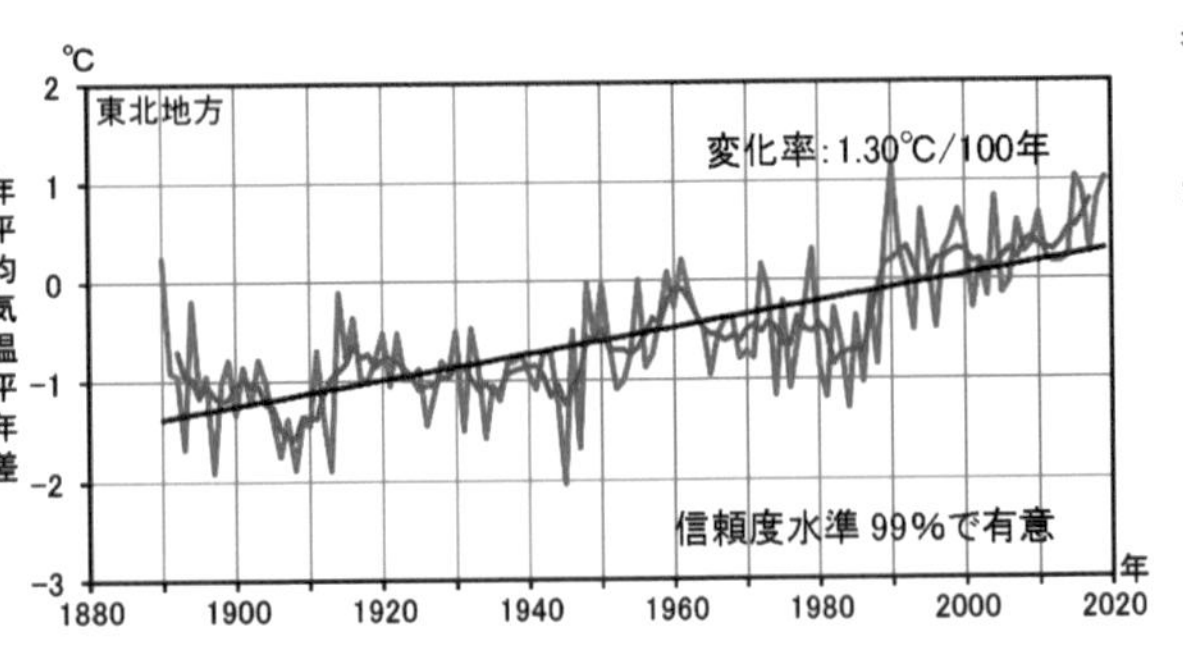

1880年以降の東北地方の気温変化グラフ（仙台管区気象台HP「東北地方の気候の変化」より）。賢治の時代に一部重なる1900年代後半～1910年頃と1920年代半ば～1940年代半ばまでは低温の時期が続いたことがわかる

夏になっても気温が上がらず低温の日が続くと、作物が実らず冷害となる。このような自然災害が起きる原因は、梅雨の時期に日本列島の北に出現するオホーツ

んにも持たずに顔いろを悪くして帰ってくることもありました。そしてみんなは、こならの実や、葛（くず）やわらびの根や、木の柔らかな皮やいろんなものをたべて、その冬をすごしました。

けれども春が来たころは、おとうさんもおかあさんも、何かひどい病気のようでした。

ある日おとうさんは、じっと頭をかかえて、いつまでもいつまでも考えていましたが、にわかに起きあがって、

「おれは森へ行って遊んでくるぞ。」と言いながら、よろよろ家を出て行きましたが、まっくらになっても帰って来ませんでした。二人がおかあさんに、おとうさんはどうしたろうときいても、おかあさんはだまって二人の顔を見ているばかりでした。

次の日の晩方になって、森がもう黒く見えるころ、おかあさんはにわかに立って、炉に榾（ほだ）［木の切れ端］をたくさんくべて家じゅうすっかり明るくしました。それから、わたしはおとうさんをさがしに行くから、お前たちはうちにいてあの戸棚（とだな）にある粉を二人ですこしずつたべなさいと言って、やっぱりよろよろ家を出て行きました。

ク海高気圧である。この高気圧が発達し長く居座ると、北海道から東北地方にかけて、冷たい北東風が7月末になっても吹き続け、気温が上がらなくなる。このほか、大規模な火山噴火による火山灰等で長期間日光が遮られた場合にも起こる。

【3】飢饉
主食となる農作物が不作になり食料が欠乏すること。本作の発表の前年にあたる1931年には、北海道・東北地方は冷害のために凶作にみまわれ、前年からの不況も重なって、農村では飢饉が発生した。

二人が泣いてあとから追って行きますと、おかあさんはふり向いて、「なんたらいうことをきかないこどもらだ。」としかるように言いました。

そしてまるで足早に、つまずきながら森へはいってしまいました。二人は何べんも行ったり来たりして、そこらを泣いて回りました。とうとうこらえ切れなくなって、まっくらな森の中へはいって、いつかのホップ〔ビールの原料にもなる植物〕の門のあたりや、わき水のあるあたりをあちこちうろうろ歩きながら、おかあさんを一晩呼びました。森の木の間からは、星がちらちら何か言うようにひかり、鳥はたびたびおどろいたように暗(やみ)の中を飛びましたけれども、どこからも人の声はしませんでした。とうとう二人はぼんやり家へ帰って中へはいりますと、まるで死んだように眠ってしまいました。

ブドリが目をさましたのは、その日のひるすぎでした。

おかあさんの言った粉のことを思い出して戸棚(とだな)をあけて見ますと、なかには、袋に入れたそば粉や【4】**こならの実**がまだたくさんはいっていました。ブドリはネリをゆり起こして二人でその粉をなめ、

【4】こならの実
どんぐりの一種だが、渋いので普通は食用にはしない。飢饉の時の非常食とされる。

おとうさんたちがいたときのように炉に火をたきました。

それから、二十日(はつか)ばかりぼんやり過ぎましたら、ある日戸口で、「今日(こんにち)は、だれかいるかね。」と言うものがありました。おとうさんが帰って来たのかと思って、ブドリがはね出して見ますと、それは籠(かご)をしょった目の鋭い男でした。その男は籠の中から丸い餅(もち)をとり出してぽんと投げながら言いました。

「私はこの地方の飢饉(ききん)を助けに来たものだ。さあなんでも食べなさい。」二人はしばらくあきれていましたら、

「さあ食べるんだ、食べるんだ。」とまた言いました。二人がこわごわたべはじめますと、男はじっと見ていましたが、

「お前たちはいい子供だ。けれどもいい子供だというだけではなんにもならん。わしといっしょについておいで。もっとも男の子は強いし、わしも二人はつれて行けない。おい女の子、おまえはここにいてももうたべるものがないんだ。おじさんといっしょに町へ行こう。毎日パンを食べさしてやるよ。」そしてぷいっとネリを抱きあげて、せなかの籠へ入れて、そのまま、

「おおほいほい。おおほいほい。」とどなりながら、風のように家を出て行きました。ネリはおもてではじめてわっと泣き出し、ブドリは、

「どろぼう、どろぼう。」と泣きながら叫んで追いかけましたが、男はもう森の横を通ってずうっと向こうの草原を走っていて、そこからネリの泣き声が、かすかにふるえて聞こえるだけでした。

ブドリは、泣いてどなって森のはずれまで追いかけて行きましたが、とうとう疲れてばったり倒れてしまいました。

（二）てぐす工場

ブドリがふっと目をひらいたとき、いきなり頭の上で、いやに平べったい声がしました。

「やっと目がさめたな。まだお前は飢饉のつもりかい。起きておれに手伝わないか。」見るとそれは茶いろなきのこしゃっぽ［帽子］をかぶって外套にすぐシャツを着た男で、何か針金でこさえたものを

ぶらぶら持っているのでした。

「もう飢饉は過ぎたの？　手伝えって何を手伝うの？」

ブドリがききました。

「[5]網掛けさ。」

「ここへ網を掛けるの？」

「掛けるのさ。」

「網をかけて何にするの？」

「[6]てぐすを飼うのさ。」見るとすぐブドリの前の栗（くり）の木に、二人の男がはしごをかけてのぼっていて、一生けん命何か網を投げたり、それを操（あやつ）ったりしているようでしたが、網も糸もいっこう見えませんでした。

「あれでてぐすが飼えるの？」

「飼えるのさ。うるさいこどもだな。おい、縁起でもないぞ。てぐすも飼えないところにどうして工場なんか建てるんだ。飼えるともさ。現におれをはじめたくさんのものが、それでくらしを立てているんだ。」

【5】網掛け
山で行う養蚕の過程の一つ。蚕の卵のついた和紙や板を貼るために、蚕のエサとなる木に網を張る作業。

【6】てぐす
釣り糸などに使うテグス糸が採れる蚕の総称。テンサン（天蚕）、クスサン（楠蚕）、フウサン（楓蚕）などの種類があり、本作ではテンサンやサクサン（柞蚕）の山飼い法をベースに、各種の飼育法を取り合わせて書いていると考えられている。

ブドリはかすれた声で、やっと、

「そうですか。」と言いました。

「それにこの森は、すっかりおれが買ってあるんだから、ここで手伝うならいいが、そうでもなければどこかへ行ってもらいたいな。もっともお前はどこへ行ったって食うものもなかろうぜ。」

ブドリは泣き出しそうになりましたが、やっとこらえて言いました。

「そんなら手伝うよ。けれどもどうして網をかけるの？」

「それはもちろん教えてやる。こいつをね。」男は、手に持った針金の籠（かご）のようなものを両手で引き伸ばしました。

「いいか。こういう具合にやるとはしごになるんだ。」

男は大またに右手の栗（くり）の木に歩いて行って、下の枝に引っ掛けました。

「さあ、今度はおまえが、この網をもって上へのぼって行くんだ。さあ、のぼってごらん。」

男は変な[7]**まりのようなもの**をブドリに渡しました。ブドリは

【7】まりのようなもの
養蚕用の網をボール状にまるめたもの。

しかたなくそれをもってはしごにとりついて登って行きましたが、はしごの段々がまるで細くて手や足に食いこんでちぎれてしまいそうでした。

「もっと登るんだ。もっと、もっとさ。そしたらさっきのまりを投げてごらん。栗の木を越すようにさ。そいつを空へ投げるんだよ。なんだい、ふるえてるのかい。いくじなしだなあ。投げるんだよ。投げるんだよ。そら、投げるんだよ。」

　ブドリはしかたなく力いっぱいにそれを青空に投げたと思いましたら、にわかにお日さまがまっ黒に見えて逆しまに下へおちました。そしていつか、その男に受けとめられていたのでした。男はブドリを地面におろしながらぶりぶりおこり出しました。

「お前もいくじのないやつだ。なんというふにゃふにゃだ。おれが受け止めてやらなかったらお前は今ごろは頭がはじけていたろう。おれはお前の命の恩人だぞ。これからは、失礼なことを言ってはならん。ところで、さあ、こんどはあっちの木へ登れ。も少したったらごはんもたべさせてやるよ。」男はまたブドリへ新しいまりを渡しました。ブドリははしごをもって次の木へ行ってまりを投げました。

「よし、なかなかじょうずになった。さあ、まりはたくさんあるぞ。なまけるな。木も栗の木ならどれでもいいんだ。」

男はポケットから、まりを十ばかり出してブドリに渡すと、すたすた向こうへ行ってしまいました。ブドリはまた三つばかりそれを投げましたが、どうしても息がはあはあして、からだがだるくてたまらなくなりました。もう家へ帰ろうと思って、そっちへ行って見ますと、おどろいたことには、家にはいつか「いつの間にか」赤い土管の煙突がついて、戸口には、「イーハトーヴてぐす工場」という看板がかかっているのでした。そして中からたばこをふかしながら、さっきの男が出て来ました。

「さあこども、たべものをもってきてやったぞ。これを食べて暗くならないうちにもう少しかせぐんだ。」

「ぼくはもういやだよ、うちへ帰るよ。」

「うちっていうのはあすこか。あすこはおまえのうちじゃない。おれのてぐす工場だよ。あの家もこの辺の森もみんなおれが買ってあるんだからな。」

ブドリはもうやけになって、だまってその男のよこした蒸しパンをむしゃむしゃたべて、またまりを十ばかり投げました。

その晩ブドリは、昔のじぶんのうち、いまはてぐす工場になっている建物のすみに、小さくなってねむりました。

さっきの男は、三、四人の知らない人たちとおそくまで炉ばたで火をたいて、何か飲んだりしゃべったりしていました。次の朝早くから、ブドリは森に出て、きのうのようにはたらきました。

それから一月ばかりたって、森じゅうの栗(くり)の木に網がかかってしまいますと、てぐす飼いの男は、こんどは【8】**栗(あわ)のようなものがいっぱいついた板きれ**を、どの木にも五、六枚ずつつるさせました。そのうちに木は芽を出して森はまっ青(さお)になりました。すると、木につるした板きれから、たくさんの小さな青じろい虫が糸をつたって列になって枝へはいあがって行きました。

ブドリたちはこんどは毎日薪(たきぎ)とりをさせられました。その薪が、

【8】栗のようなものがいっぱいついた板きれ
蚕の卵がたくさんついた板のこと。

家のまわりに小山のように積み重なり、栗(くり)の木が【9】**青じろいひものかたちの花**を枝いちめんにつけるころになりますと、あの板からはいあがって行った虫も、ちょうど栗の花のような色とかたちになりました。そして森じゅうの栗の葉は、まるで形もなくその虫に食い荒らされてしまいました。

それからまもなく、虫は【10】**大きな黄いろな繭(まゆ)**を、網の目ごとにかけはじめました。

するとてぐす飼いの男は、狂気のようになって、ブドリたちをしかりとばして、その繭を籠(かご)に集めさせました。それをこんどは片っぱしから鍋(なべ)に入れてぐらぐら煮て、手で車をまわしながら糸をとりました。夜も昼もがらがらがらがら三つの糸車をまわして糸をとりました。こうしてこしらえた黄いろな糸が小屋に半分ばかりたまったころ、外に置いた繭からは、大きな白い蛾(が)がぽろぽろぽろぽろ飛びだしはじめました。てぐす飼いの男は、まるで鬼みたいな顔つきになって、じぶんも一生けん命糸をとりましたし、野原のほうからも四人の人を連れてきて働かせました。けれども蛾のほうは日まし

【9】青じろいひものかたちの花
クリの雄花は個々の花が集まって白い穂状となる。

クリの雄花（2019年、大阪市立長居植物園ブログより）

【10】大きな黄いろな繭
蚕の繭は種類によっていろいろな色になる。

に多く出るようになって、しまいには森じゅうまるで雪でも飛んでいるようになりました。するとある日、六七台の荷馬車が来て、いままでにできた糸をみんなつけて、町のほうへ帰りはじめました。みんなも一人ずつ荷馬車について行きました。いちばんしまいの荷馬車がたったとき、てぐす飼いの男が、ブドリに、

「おい、お前の来春まで食うくらいのものは家の中に置いてやるからな。それまでここで森と工場の番をしているんだぞ。」

と言って、変ににやにやしながら荷馬車についてさっさと行ってしまいました。

ブドリはぼんやりあとへ残りました。うちの中はまるできたなくてあらしのあとのようでしたし、森は荒れはてて山火事にでもあったようでした。ブドリが次の日、家のなかやまわりを片付けはじめましたら、てぐす飼いの男がいつもすわっていた所から古いボール紙の箱を見つけました。中には十冊ばかりの本がぎっしりはいっておりました。開いて見ると、てぐすの絵や機械の図がたくさんある、まるで読めない本もありましたし、いろいろな木や草の図と名前の

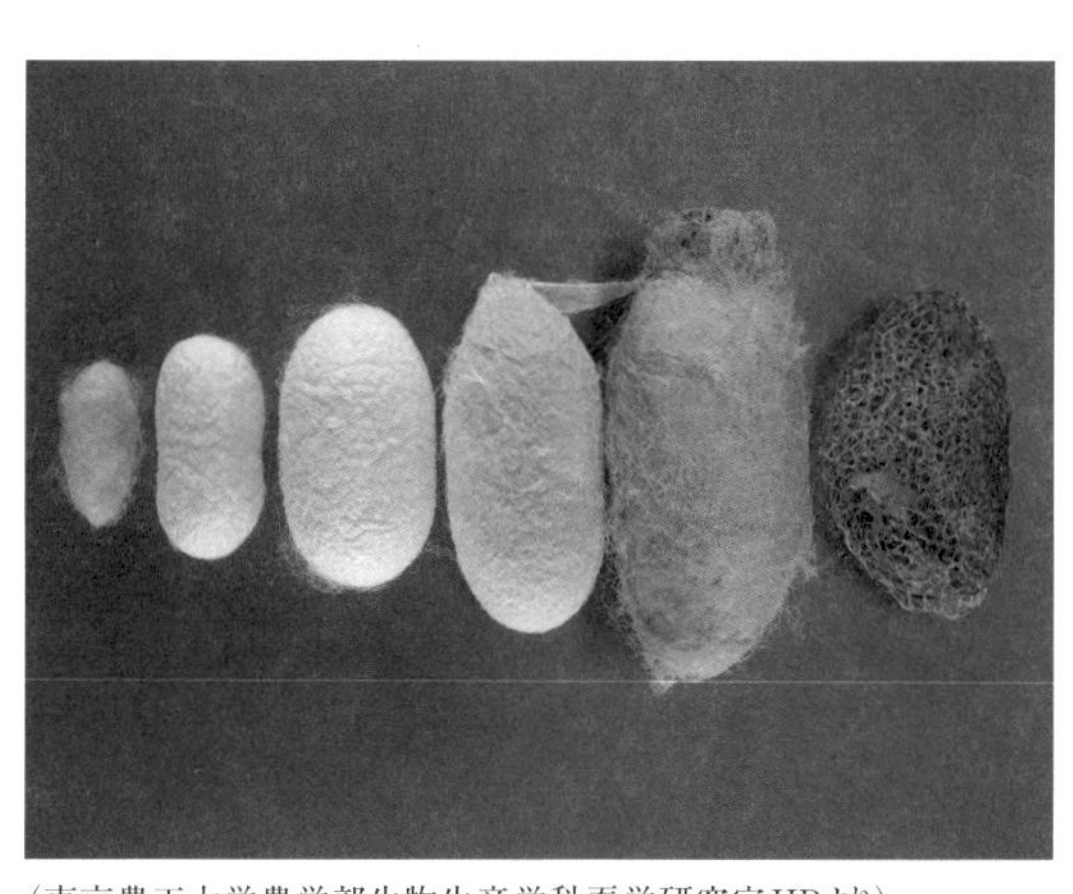

（東京農工大学農学部生物生産学科蚕学研究室HPより）

書いてあるものもありました。

ブドリはいっしょうけんめい、その本のまねをして字を書いたり、図をうつしたりしてその冬を暮らしました。

春になりますと、またあの男が六、七人のあたらしい手下を連れて、【11】たいへん立派ななりをしてやって来ました。そして次の日からすっかり去年のような仕事がはじまりました。

そして網はみんなかかり、黄いろな板もつるされ、虫は枝にはい上がり、ブドリたちはまた、薪作りにかかることになりました。ある朝ブドリたちが薪をつくっていましたら、にわかにぐらぐらっと【12】地震がはじまりました。それから【13】ずうっと遠くでどーんという音がしました。

しばらくたつと【13】日が変にくらくなり、こまかな灰がばさばさばさばさ降って来て、森はいちめんにまっ白になりました。ブドリたちがあきれて木の下にしゃがんでいましたら、てぐす飼いの男がたいへんあわててやって来ました。

「おい、みんな、もうだめだぞ。【14】**噴火**だ。噴火がはじまったん

【11】たいへん立派ななり
男が立派な身なりをしているのは、絹糸で大きな利益を得たことを読み取れる。

【12】地震

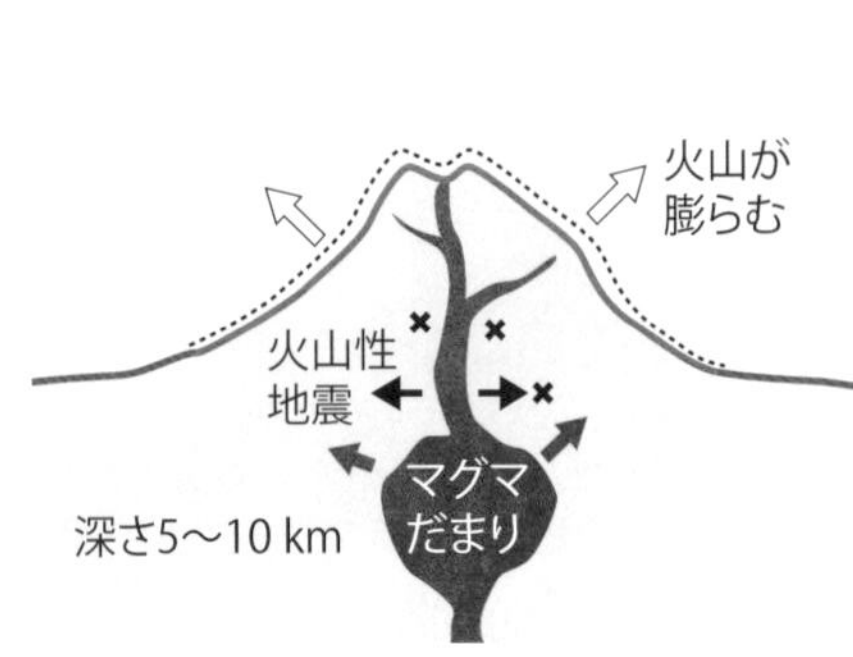

火山性地震のしくみ

地震は、地下で岩盤が割れてずれた時の振動が地表に伝わってきたものである。硬い岩盤を割り、地震を発生させる原因となる力には2つある。一つは地球表層を覆っている、11枚の主要なプレートの

だ。てぐすはみんな灰をかぶって死んでしまった。みんな早く引き揚げてくれ。おい、ブドリ、お前ここにいたかったらいてもいいが、こんどはたべ物は置いてやらないぞ。それにここにいてもあぶないからな。お前も野原へ出て何かかせぐほうがいいぜ。」

そう言ったかと思うと、もうどんどん走って行ってしまいました。ブドリが工場へ行って見たときは、もうだれもおりませんでした。そこでブドリは、しょんぼりとみんなの足跡のついた【15】**白い灰を**ふんで野原のほうへ出て行きました。

（三）沼ばたけ

ブドリは、いっぱいに灰をかぶった森の間を、町のほうへ半日歩きつづけました。灰は風の吹くたびに木からばさばさ落ちて、まるでけむりか吹雪（ふぶき）のようでした。けれどもそれは野原へ近づくほど、だんだん浅く少なくなって、ついには木も緑に見え、みちの足跡も見えないくらいになりました。

動きによるものである。もう一つは地下のマグマの発達や移動の影響によるものである。ここでは後で火山噴火が起こっていることから、火山性地震である。

【13】ずうっと遠くでどーんという音／日が変にくらくなり、こまかな灰がばさばさばさばさ降って来て
火山噴火にともなって火山灰が大気中に広がると、太陽光線を遮るため日中でも暗くなってくる。
火山灰は交通機関やライフライン、建物や設備、農作物など多方面に影響を及ぼす。大規模な噴火では、古代ローマの都市ポンペイのように、一夜にして都市が火山灰に埋まって消滅することまである。

とうとう森を出切ったとき、ブドリは思わず目をみはりました。野原は目の前から、遠くのまっしろな雲まで、美しい桃いろと緑と灰いろのカードでできているようでした。そばへ寄って見ると、その桃いろなのには、いちめんにせいの低い花が咲いていて、蜜蜂（みつばち）がいそがしく花から花をわたってあるいていましたし、緑いろなのには小さな穂を出して草がぎっしりはえ、灰いろなのは浅い泥の沼でした。そしてどれも、低い幅のせまい土手でくぎられ、人は馬を使ってそれを掘り起こしたりかき回したりしてはたらいていました。

ブドリがその間を、しばらく歩いて行きますと、道のまん中に二人の人が、大声で何かけんかでもするように言い合っていました。右側のほうのひげの赭（あか）い人が言いました。

「なんでもかんでも、おれは山師［冒険的な賭け］張るときめた。」

するとも一人の白い笠（かさ）をかぶった、せいの高いおじいさんが言いました。

「やめろって言ったらやめるもんだ。そんなに肥料うんと入れて、藁（わら）はとれるたって、実は一粒もとれるもんでない。」

【14】噴火

火山噴火には3つのタイプがある。

①マグマ爆発…マグマが直接地表に噴出する

②マグマ水蒸気爆発…マグマと地下水が触れ、地下水が沸騰爆発するとともにマグマも噴出する

③水蒸気爆発…マグマの熱で火口のすぐ下にある地下水が沸騰して爆発する

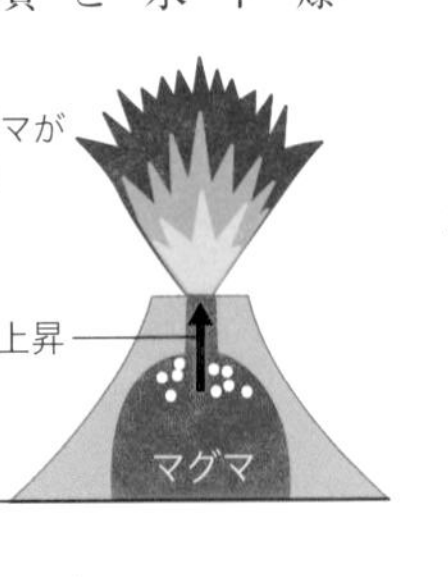

「うんにゃ、おれの見込みでは、ことしは今までの三年分暑いに相違ない。一年で三年分とって見せる。」

「やめろ。やめろ。やめろったら。」

「うんにゃ、やめない。花はみんな埋めてしまったから、こんどは豆玉［大豆かす。肥料］を六十枚入れて、それから鶏の糞(かえし)、百駄(だん)入れるんだ。急がしったらなんの、こう忙しくなればささげのつるでもいいから手伝いに頼みたいもんだ。」

ブドリは思わず近寄っておじぎをしました。

「そんならぼくを使ってくれませんか。」

すると二人は、ぎょっとしたように顔をあげて、あごに手をあててしばらくブドリを見ていましたが、赤ひげがにわかに笑い出しました。

「よしよし。お前に馬の指竿(させ)とり［耕馬につけた竿を引くこと］を頼むからな。すぐおれについて行くんだ。それではまず、のるかそるか、秋まで見ててくれ。さあ行こう。ほんとに、ささげのつるでもいいから頼みたい時でな。」赤ひげは、ブドリとおじいさんにかわ

【15】白い灰

火山灰は主に白色～灰黒色であるが、含有物によって色が変わる。白っぽい火山灰には石英や長石、火山ガラスが多く含まれ、黒っぽくなるほど角閃石や黒雲母などの有色鉱物が多く含まれるようになる。

いろいろな色の火山灰

るがわる言いながら、さっさと先に立って歩きました。あとではおじいさんが、

「年寄りの言うこと聞かないで、いまに泣くんだな。」とつぶやきながら、しばらくこっちを見送っているようすでした。

それからブドリは、毎日毎日沼ばたけ［水田］へはいって馬を使って泥をかき回しました。一日ごとに桃いろのカードも緑のカードもだんだんつぶされて、泥沼に変わるのでした。馬はたびたびぴしゃっと泥水をはねあげて、みんなの顔へ打ちつけました。一つの沼ばたけがすめばすぐ次の沼ばたけへはいるのでした。一日がとても長くて、しまいには歩いているのかどうかもわからなくなったり、泥が飴のような、水がスープのような気がしたりするのでした。風が何べんも吹いて来て、近くの泥水に魚のうろこのような波をたて、遠くの水をブリキいろにして行きました。そらでは、毎日甘くすっぱいような雲が、ゆっくりゆっくりながれていて、それがじつにうらやましそうに見えました。

こうして二十日ばかりたちますと、やっと沼ばたけはすっかりどろ

どろになりました。次の朝から主人はまるで気が立って、あちこちから集まって来た人たちといっしょに、その沼ばたけに緑いろの槍(やり)のようなオリザの苗をいちめん植えました。それが十日ばかりで済むと、今度はブドリたちを連れて、今まで手伝ってもらった人たちの家へ毎日働きにでかけました。それもやっと一まわり済むと、こんどはまたじぶんの沼ばたけへ戻って来て、毎日毎日草取りをはじめました。ブドリの主人の苗は大きくなってまるで黒いくらいなのに、となりの沼ばたけはぼんやりしたうすい緑いろでしたから、遠くから見ても、二人の沼ばたけははっきり境まで見わかりました。七日ばかりで草取りが済むとまたほかへ手伝いに行きました。

ところがある朝、主人はブドリを連れて、じぶんの沼ばたけを通りながら、にわかに「あっ」と叫んで棒立ちになってしまいました。見るとくちびるのいろまで水いろになって、ぼんやりまっすぐを見つめているのです。

「病気が出たんだ。」主人がやっと言いました。

「頭でも痛いんですか。」ブドリはききました。

「おれでないよ。オリザよ。それ。」主人は前のオリザの株を指さしました。ブドリはしゃがんでしらべてみますと。なるほどどの葉にも、いままで見たことのない【16】**赤い点々**がついていました。主人はだまってしおしおと沼ばたけを一まわりしましたが、家へ帰りはじめました。ブドリも心配してついて行きますと、主人はだまって巾（きれ）を水でしぼって、頭にのせると、そのまま板の間に寝てしまいました。するとまもなく、主人のおかみさんが表からかけ込んで来ました。

「オリザへ病気が出たというのはほんとうかい。」

「ああ、もうだめだよ。」

「どうにかならないのかい。」

「だめだろう。すっかり五年前のとおりだ。」

「だから、あたしはあんたに山師をやめろといったんじゃないか。おじいさんもあんなにとめたんじゃないか。」

　おかみさんはおろおろ泣きはじめました。すると主人がにわかに元気になってむっくり起き上がりました。

【16】赤い点々
田植えのあと2〜3週間した頃に発生する赤枯れ症と思われる。葉に赤褐色の斑点が無数にでき、根腐れを起こして枯れてしまう生育障害で、土壌の酸素不足や肥料などが多すぎてガスが発生するために起こる。

「よし。イーハトーヴの野原で、指折り数えられる大百姓のおれが、こんなことで参るか。よし。来年こそやるぞ。ブドリ、おまえおれのうちへ来てから、まだ一晩も寝たいくらい寝たことがないな。さあ、五日でも十日でもいいから、ぐうというくらい寝てしまえ。おれはそのあとで、あすこの沼ばたけでおもしろい手品（てずま）をやって見せるからな。その代わりことしの冬は、家じゅうそばばかり食うんだぞ。おまえそばはすきだろうが。」それから主人はさっさと帽子をかぶって外へ出て行ってしまいました。

ブドリは主人に言われたとおり納屋（なや）へはいって眠ろうと思いましたが、なんだかやっぱり沼ばたけが苦になってしかたないので、またのろのろそっちへ行って見ました。するといつ来ていたのか、主人がたった一人腕組みをして土手に立っておりました。見ると沼ばたけには水がいっぱいで、オリザの株は葉をやっと出しているだけ、上にはぎらぎら【17】**石油**が浮かんでいるのでした。主人が言いました。

「いまおれ、この病気を蒸し殺してみるところだ。」

【17】石油

石油は地質時代の植物や藻、海洋中の微生物などが沈殿して地層として堆積し長い年月を経て化学的に分解され地層中に溜まったものでくみ上げた最初の液体を原油という。それを生成したものが石油でそれを原料としたものが石油製品である。ただ石油の起源については諸説あり確定していない。

「石油で病気の種が死ぬんですか。」とブドリがききますと、主人は、

「頭から石油につけられたら人だって死ぬだ。」と言いながら、ほうと息を吸って首をちぢめました。その時、水下の沼ばたけの持ち主が、肩をいからして、息を切ってかけて来て、大きな声でどなりました。

「なんだって油など水へ入れるんだ。みんな流れて来て、おれのほうへはいってるぞ。」

主人は、やけくそに落ちついて答えました。

「なんだって油など水へ入れるったって、オリザへ病気がついたから、油など水へ入れるのだ。」

「なんだってそんならおれのほうへ流すんだ。」

「なんだってそんならおまえのほうへ流すったって、水は流れるから油もついて流れるのだ。」

「そんならなんだっておれのほうへ水こないように水口（みなくち）とめないいんだ。」

「なんだっておまえのほうへ水行かないように水口とめないかったって、あすこはおれのみな口でないから水とめないのだ。」

となりの男は、かんかんおこってしまってもう物も言えず、いきなりがぶがぶ水へはいって、自分の水口に泥を積みあげはじめました。主人はにやりと笑いました。

「あの男むずかしい男でな。こっちで水をとめると、とめたといっておこるからわざと向こうにとめさせたのだ。あすこさえとめれば今夜じゅうに水はすっかり草の頭までかかるからな、さあ帰ろう。」

主人はさきに立ってすたすた家へあるきはじめました。

次の朝ブドリはまた主人と沼ばたけへ行ってみました。主人は水の中から葉を一枚とってしきりにしらべていましたが、やっぱり浮かない顔でした。その次の日もそうでした。その次の日もそうでした。その次の日もそうでした。その次の朝、とうとう主人は決心したように言いました。

「さあブドリ、いよいよここへ蕎麦(そば)播(ま)きだぞ。おまえあすこへ行って、となりの水口こわして来い。」

ブドリは、言われたとおりこわして来ました。石油のはいった水は、恐ろしい勢いでとなりの田へ流れて行きます。きっとまたおこってくるなと思っていますと、ひるごろ例のとなりの持ち主が、大きな鎌をもってやってきました。

「やあ、なんだってひとの田へ石油ながすんだ。」

主人がまた、腹の底から声を出して答えました。

「石油ながれればなんだって悪いんだ。」

「オリザみんな死ぬでないいか。」

「オリザみんな死ぬか、オリザみんな死なないか、まずおれの沼ばたけのオリザ見なよ。きょうで四日頭から石油かぶせたんだ。それでもちゃんとこのとおりでないいか。赤くなったのは病気のためで、勢いのいいのは石油のためなんだ。おまえの所など、石油がただオリザの足を通るだけでないいか。かえっていいかもしれないいんだ。」

「石油こやしになるのか。」向こうの男は少し顔いろをやわらげました。

「石油こやしになるか、石油こやしにならないいか知らないいが、とにかく石油は油でないか。」

「それは石油は油だな。」男はすっかりきげんを直してわらいました。水はどんどん退き、オリザの株は見る見る根もとまで出て来ました。すっかり赤い斑ができて焼けたようになっています。

「さあおれの所ではもうオリザ刈りをやるぞ。」

　主人は笑いながら言って、それからブドリといっしょに、片っぱしからオリザの株を刈り、跡へすぐ蕎麦を播いて土をかけて歩きました。そしてその年はほんとうに主人の言ったとおり、ブドリの家では蕎麦ばかり食べました。次の春になると主人が言いました。

「ブドリ、ことしは沼ばたけは去年よりは三分の一減ったからな、仕事はよほどらくだ。そのかわりおまえは、おれの死んだ息子の読んだ本をこれから一生けん命勉強して、いままでおれを山師だといってわらったやつらを、あっと言わせるような立派なオリザを作るくふうをしてくれ。」

　そして、いろいろな本を一山ブドリに渡しました。ブドリは仕事のひまに片っぱしからそれを読みました。ことにその中の、クーボーという人の物の考え方を教えた本はおもしろかったので何べんも読みました。またその人が、イーハトーヴの市で一か月の学校をやっているのを知って、たいへん行って習いたいと思ったりしました。

　そして早くもその夏、ブドリは大きな手柄をたてました。それは去年と同じころ、またオリザに病気ができかかったのを、ブドリが【18】**木の灰と食塩**（しお）を使って食いとめたのでした。そして八月のなかばになると、オリザの株はみんなそろって穂を出し、その穂の一枝ごとに小さな白い花が咲き、花はだんだん水いろの籾（もみ）にかわって、風にゆらゆら波をたてるようになりました。主人はもう得意の絶頂でした。来る人ごとに、

「なんの、おれも、オリザの山師で四年しくじったけれども、ことしは一度に四年分とれる。これもまたなかなかいいもんだ。」

などと言って自慢するのでした。

　ところがその次の年はそうは行きませんでした。植え付けのころからさっぱり雨が降らなかったために、水路はかわいてしまい、沼にはひびが入って、秋のとりいれはやっと冬じゅう食べるくらいで

【18】木の灰と食塩
いずれも、赤枯れ症の回避に役立つとされるカリウムを含む。

した。来年こそと思っていましたが、次の年もまた同じようなひでりでした。それからも、来年こそ来年こそと思いながら、ブドリの主人は、だんだんこやしを入れることができなくなり、馬も売り、沼ばたけもだんだん売ってしまったのでした。

　ある秋の日、主人はブドリにつらそうに言いました。

「ブドリ、おれももとはイーハトーヴの大百姓だったし、ずいぶんかせいでも来たのだが、たびたびの[19]**寒さと旱魃**（かんばつ）のために、いまでは沼ばたけも昔の三分の一になってしまったし、来年はもう入れるこやしもないのだ。おれだけでない。来年こやしを買って入れれる人ったらもうイーハトーヴにも何人もないだろう。こういうあんばいでは、いつになっておまえにはたらいてもらった礼をするというあてもない。おまえも若い働き盛りを、おれのとこで暮らしてしまってはあんまり気の毒だから、済まないがどうかこれを持って、どこへでも行っていい運を見つけてくれ。」そして主人は、一ふくろのお金と新しい紺で染めた麻の服と赤皮の靴（くつ）とをブドリにくれました。

【19】寒さと旱魃

寒さは冷害のこと（【2】を参照）。旱魃とは長期間雨が降らないことが原因で起こる水不足のことで、農業などに大きな被害が出る。賢治の時代の頃までは、東北地方では約30年周期で冷害や旱魃などによる飢饉が発生していた（梅田三郎、1965）。

ブドリはいままでの仕事のひどかったことも忘れてしまって、もう何もいらないから、ここで働いていたいとも思いましたが、考えてみると、いてもやっぱり仕事もそんなにないので、主人に何べんも何べんも礼を言って、六年の間はたらいた沼ばたけと主人に別れて、停車場をさして歩きだしました。

（四）クーボー大博士

ブドリは二時間ばかり歩いて、停車場へ来ました。それから切符を買って、イーハトーヴ行きの汽車に乗りました。汽車はいくつもの沼ばたけをどんどんどんどんうしろへ送りながら、もう一散に走りました。その向こうには、たくさんの黒い森が、次から次と形を変えて、やっぱりうしろのほうへ残されて行くのでした。ブドリはいろいろな思いで胸がいっぱいでした。早くイーハトーヴの市に着いて、あの親切な本を書いたクーボーという人に会い、できるなら、働きながら勉強して、みんながあんなにつらい思いをしないで沼ばたけを作れるよう、また火山の灰だのひでりだの寒さだのを除くくふうをしたいと思うと、汽車さえまどろこくってたまらないくらいでした。汽車はその日のひるすぎ、イーハトーヴの市に着きました。停車場を一足出ますと、地面の底から、何かのんのんわくようなひびきやどんよりとしたくらい空気、行ったり来たりするたくさんの自動車に、ブドリはしばらくぼうとしてつっ立ってしまいました。やっと気をとりなおして、そこらの人にクーボー博士の学校へ行くみちをたずねました。するとだれへきいても、みんなブドリのあまりまじめな顔を見て、吹き出しそうにしながら、

「そんな学校は知らんね。」とか、

「もう五、六丁行ってきいてみな。」とかいうのでした。そしてブドリがやっと学校をさがしあてたのはもう夕方近くでした。その大きなこわれかかった白い建物の二階で、だれか大きな声でしゃべっていました。

「今日は。」ブドリは高く叫びました。だれも出てきませんでした。

「今日はあ。」ブドリはあらん限り高く叫びました。するとすぐ頭

の上の二階の窓から、大きな灰いろの顔が出て、めがねが二つぎらりと光りました。それから、

「今授業中だよ、やかましいやつだ。用があるならはいって来い。」

とどなりつけて、すぐ顔を引っ込めますと、中ではおおぜいでどっと笑い、その人はかまわずまた何か大声でしゃべっています。

ブドリはそこで思い切って、なるべく足音をたてないように二階にあがって行きますと、階段のつき当たりの扉（とびら）があいていて、じつに大きな教室が、ブドリのまっ正面にあらわれました。中にはさまざまの服装をした学生がぎっしりです。向こうは大きな黒い壁になっていて、そこにたくさんの白い線が引いてあり、さっきのせいの高い目がねをかけた人が、大きな櫓（やぐら）の形の模型をあちこち指さしながら、さっきのままの高い声で、みんなに説明しておりました。

ブドリはそれを一目見ると、ああこれは先生の本に書いてあった歴史の歴史ということの模型だなと思いました。先生は笑いながら、一つのとってを回しました。模型はがちっと鳴って奇体な船のような形になりました。またがちっととってを回すと、模型はこんどは

大きなむかでのような形に変わりました。

　みんなはしきりに首をかたむけて、どうもわからんというふうにしていましたが、ブドリにはただおもしろかったのです。

「そこでこういう図ができる。」先生は黒い壁へ別の込み入った図をどんどん書きました。

　左手にもチョークをもって、さっさと書きました。学生たちもみんな一生けん命そのまねをしました。ブドリもふところから、いままで沼ばたけで持っていたきたない手帳を出して図を書きとりました。先生はもう書いてしまって、壇の上にまっすぐに立って、じろじろ学生たちの席を見まわしています。ブドリも書いてしまって、その図を縦横から見ていますと、ブドリのとなりで一人の学生が、

「あああ。」とあくびをしました。ブドリはそっとききました。

「ね、この先生はなんて言うんですか。」

　すると学生はばかにしたように鼻でわらいながら答えました。

「クーボー大博士さ、お前知らなかったのかい。」それからじろじろブドリのようすを見ながら、

「はじめから、この図なんか書けるもんか。ぼくでさえ同じ講義をもう六年もきいているんだ。」

と言って、じぶんのノートをふところへしまってしまいました。その時教室に、ぱっと電燈(でんとう)がつきました。もう夕方だったのです。大博士が向こうで言いました。

「いまや夕べははるかにきたり、拙講(せっこう)もまた全課をおえた。諸君のうちの希望者は、けだしいつもの例により、そのノートをば拙者に示し、さらに数箇の試問を受けて、所属を決すべきである。」学生たちはわあと叫んで、みんなばたばたノートをとじました。それからそのまま帰ってしまうものが大部分でしたが、五六十人は一列になって大博士の前をとおりながらノートを開いて見せるのでした。すると大博士はそれをちょっと見て、一言か二言質問をして、それから白墨でえりへ、「合」とか、「再来」とか、「奮励(ふんれい)」とか書くのでした。学生はその間、いかにも心配そうに首をちぢめているのでしたが、それからそっと肩をすぼめて廊下まで出て、友だちにそのしるしを読んでもらって、よろこんだりしょげたりするのでした。

ぐんぐん試験が済んで、いよいよブドリ一人になりました。ブドリがその小さなきたない手帳を出したとき、クーボー大博士は大きなあくびをやりながら、かがんで目をぐっと手帳につけるようにしましたので、手帳はあぶなく大博士に吸い込まれそうになりました。

ところが大博士は、うまそうにこくっと一つ息をして、「よろしい。この図は非常に正しくできている。そのほかのところは、なんだ。ははあ、沼ばたけのこやしのことに、馬のたべ物のことかね。では問題に答えなさい。工場の煙突から出るけむりには、どういう色の種類があるか。」

ブドリは思わず大声に答えました。

「黒、褐（かつ）、黄、灰、白、無色。それからこれらの混合です。」

大博士はわらいました。

「無色のけむりはたいへんいい。形について言いたまえ。」

「[20]無風で煙が相当あれば、たての棒にもなりますが、さきはだんだんひろがります。雲の非常に低い日は、棒は雲までのぼって行って、そこから横にひろがります。風のある日は、棒は斜めになり

【20】無風で煙が相当あれば、たての棒にもなりますが……四方におちることもあります

煙突から登る煙の形から、その付近の大気の状態を推定することができる。地上

ますが、その傾きは風の程度に従います。波やいくつもきれになるのは、風のためにもよりますが、一つはけむりや煙突のもつ癖(くせ)のためです。あまり煙の少ないときは、コルク抜きの形にもなり、煙も重いガスがまじれば、煙突の口から房(ふさ)になって、一方ないし四方におちることもあります。」

　大博士はまたわらいました。

「よろしい。きみはどういう仕事をしているのか。」

「仕事をみつけに来たんです。」

「おもしろい仕事がある。名刺をあげるから、そこへすぐ行きなさい。」博士は名刺をとり出して、何かするする書き込んでブドリにくれました。ブドリはおじぎをして、戸口を出て行こうとしますと、大博士はちょっと目で答えて、

「なんだ、ごみを焼いてるのかな。」と低くつぶやきながら、テーブルの上にあった鞄(かばん)に、白墨(チョーク)のかけらや、はんけちや本や、みんないっしょに投げ込んで小わきにかかえ、さっき顔を出した窓から、プイッと外へ飛び出しました。びっくりしてブドリが窓へかけよっ

付近から上空へ行けば行くほど気温が高い場合は安定しており、逆に低くなる場合は不安定になる。

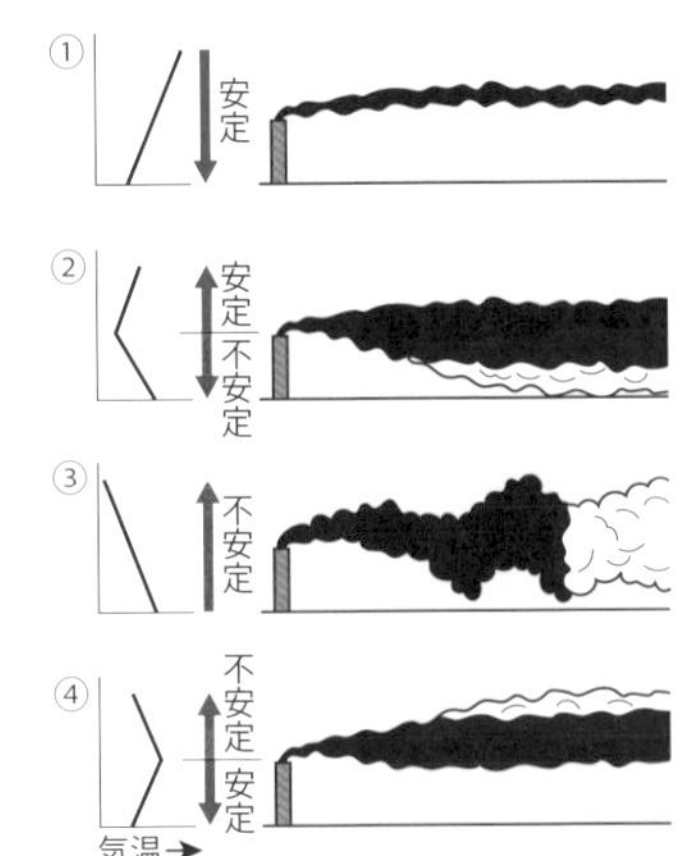

①大気が安定していると、上下方向の大気のうねりがないので、煙はほぼまっすぐ横に流れる。②上層は安定しているが地上付近は不安定だと、煙の下側だけが大きく広がる。③全体に不安定な大気のもとでは、煙ははげしく上下になびく。④地上付近は安定しているが上層が不安定な場合、煙の上側が大きく広がる。

て見ますと、いつか大博士は玩具(おもちゃ)のような小さな飛行船に乗って、じぶんでハンドルをとりながら、もううす青いもやのこめた町の上を、まっすぐに向こうへ飛んでいるのでした。ブドリがいよいよあきれて見ていますと、まもなく大博士は、向こうの大きな灰いろの建物の平屋根に着いて、船を何かかぎのようなものにつなぐと、そのままぽろっと建物の中へはいって見えなくなってしまいました。

(五) イーハトーヴ火山局

ブドリが、クーボー大博士からもらった名刺のあて名をたずねて、やっと着いたところは大きな茶いろの建物で、うしろには房(ふさ)のような形をした高い柱が夜のそらにくっきり白く立っておりました。ブドリは玄関に上がって呼び鈴を押しますと、すぐ人が出て来て、ブドリの出した名刺を受け取り、一目見ると、すぐブドリを突き当たりの大きな室(へや)へ案内しました。

そこにはいままでに見たこともないような大きなテーブルがあっ

て、そのまん中に一人の少し髪の白くなった人のよさそうな立派な人が、きちんとすわって耳に受話器をあてながら何か書いていました。そしてブドリのはいって来たのを見ると、すぐ横の椅子（いす）を指さしながら、また続けて何か書きつけています。

その室の右手の壁いっぱいに、[21]イーハトーヴ全体の地図が、美しく色どった大きな模型に作ってあって、鉄道も町も川も野原もみんな一目でわかるようになっており、そのまん中を走るせぼねのような山脈と、海岸に沿って縁をとったようになっている山脈、またそれから枝を出して海の中に点々の島をつくっている一列の山々には、みんな赤や橙（だいだい）や黄のあかりがついていて、それがかわるがわる色が変わったりジーと蝉（せみ）のように鳴ったり、数字が現われたり消えたりしているのです。下の壁に添った棚（たな）には、黒いタイプライターのようなものが三列に百でもきかないくらい並んで、みんなしずかに動いたり鳴ったりしているのでした。ブドリがわれを忘れて見とれておりますと、その人が受話器をことっと置いて、ふところから名刺入れを出して、一枚の名刺をブドリに出しながら「あなたが、

【21】イーハトーヴ全体の地図が……動いたり鳴ったりしているのでした

観測所には、イーハトーヴの大きな立体模型地図があり、地域内にあるすべての火山が表示されている。しかも各火山の活動レベルが赤や橙の光の点滅でひと目がわかるようになっており、詳細なデータはテレタイプのような機械で打ち出される仕組みになっている。

これは現在、気象庁が行っている火山監視システムと同じような仕組みであり、宮沢賢治が１００年以上も前にこのようなシステムを描いていることには驚く。

グスコーブドリ君ですか。私はこういうものです。」と言いました。見ると、〈イーハトーヴ火山局技師ペンネンナーム〉と書いてありました。その人はブドリの挨拶(あいさつ)になれないでもじもじしているのを見ると、重ねて親切に言いました。

「さっきクーボー博士から電話があったのでお待ちしていました。まあこれから、ここで仕事をしながらしっかり勉強してごらんなさい。ここの仕事は、去年はじまったばかりですが、じつに責任のあるもので、それに半分は【章末コラム】**いつ噴火するかわからない火山**の上で仕事するものなのです。それに火山の癖というものは、なかなか学問でわかることではないのです。われわれはこれからよほどしっかりやらなければならんのです。では今晩はあっちにあなたの泊まるところがありますから、そこでゆっくりお休みなさい。あしたこの建物じゅうをすっかり案内しますから。」

次の朝、ブドリはペンネン老技師に連れられて、建物のなかを一々つれて歩いてもらい、さまざまの機械やしかけを詳しく教わりました。その建物のなかの【22】すべての器械はみんなイーハトーヴじゅうの三百幾つかの活火山や休火山に続いていて、それらの火山の煙や灰を噴いたり、熔岩を流したりしているようすはもちろん、みかけはじっとしている古い火山でも、その中の熔岩やガスのもようから、山の形の変わりようまで、みんな数字になったり図になったりして、あらわれて来るのでした。そしてはげしい変化のあるたびに、模型はみんな別々の音で鳴るのでした。

ブドリはその日からペンネン老技師について、すべての器械の扱い方や観測のしかたを習い、夜も昼も一心に働いたり勉強したりしました。そして二年ばかりたちますと、ブドリはほかの人たちといっしょにあちこちの【23】火山へ器械を据え付けに出されたり、据え付けてある器械の悪くなったのを修繕にやられたりもするようになりましたので、もうブドリにはイーハトーヴの三百幾つの火山と、その働き具合は掌の中にあるようにわかって来ました。

【章末コラム】じつにイーハトーヴには、七十幾つの火山が毎日煙をあげたり、熔岩を流したりしているのでしたし、五十幾つかの休火山は、いろいろなガスを噴いたり、熱い湯を出したりしていました。そして残

【22】すべての器械はみんなイーハトーヴじゅうの……模型はみんな別々の音で鳴る

イーハトーヴにあるすべての火山に設置された観測機械からの測定データがこの火山局で集中管理されている。音によってどこの火山からの信号かもわかるという最先端のシステムである。

【23】火山へ器械を据え付け

現在の日本で火山の観測に使われている主な機械には次のようなものがある。

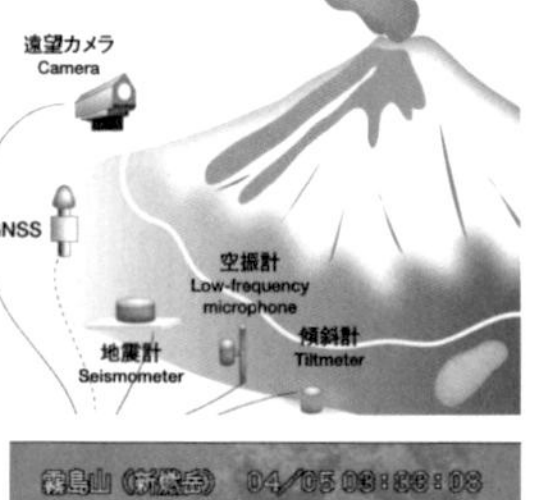

火山の観測器具と遠望カメラの画像（気象庁より）

りの百六七十の死火山のうちにも、いつまた何をはじめるかわからないものもあるのでした。

ある日ブドリが老技師とならんで仕事をしておりますと、にわかにサンムトリという南のほうの海岸にある火山が、むくむく器械に感じ出して来ました。老技師が叫びました。

「ブドリ君。サンムトリは、けさまで何もなかったね。」

「はい、いままでサンムトリのはたらいたのを見たことがありません。」

「ああ、これは[24]もう噴火が近い。けさの地震が刺激したのだ。この山の北十キロのところにはサンムトリの市がある。今度[25]爆発すれば、たぶん山は三分の一、北側をはねとばして、[26]牛やテーブルぐらいの岩は熱い灰やガスといっしょに、どしどしサンムトリ市におちてくる。どうでも今のうちに、この海に向いたほうへ[27]ボーリングを入れて傷口をこさえて、ガスを抜くか熔岩を出させるかしなければならない。今すぐ二人で見に行こう。」二人はすぐにしたくして、サンムトリ行きの汽車に乗りました。

・遠望カメラ（噴煙や噴火の様子を監視）
・地震計（火山性微動をとらえ地下のマグマの動きを監視）
・空振計（噴火にともなう空気の振動をとらえる）
・傾斜計（山体の傾斜の変化をとらえ噴火の予知に繋げる）
・GNSS（位置の変化がわかるGPSのような器具）

【24】もう噴火が近い。けさの地震が刺激した

地震が火山噴火のきっかけになるかどうかは研究者の間でも議論されている。例えば2011年の東日本大震災後、13年には西之島、14年には御嶽山、口永良部島、浅間山、箱根山、桜島、阿蘇山が噴火したが、地震がきっかけとなったかは確定していない。

（六）サンムトリ火山

二人は次の朝、サンムトリの市に着き、ひるごろサンムトリ火山の頂近く、観測器械を置いてある小屋に登りました。そこは、サンムトリ山の〔28〕**古い噴火口の外輪山**が、海のほうへ向いて欠けた所で、その小屋の窓からながめますと、海は青や灰いろの幾つもの縞（しま）になって見え、その中を汽船は黒いけむりを吐き、銀いろの水脈（みお）を引いていくつもすべっているのでした。

老技師はしずかにすべての観測機を調べ、それからブドリに言いました。

「きみはこの山はあと何日ぐらいで噴火すると思うか。」

「一月はもたないと思います。」

「一月はもたない。もう十日ももたない。早く工作してしまわないと、取り返しのつかないことになる。私はこの山の海に向いたほうでは、あすこがいちばん弱いと思う。」老技師は山腹の谷の上のうす緑の草地を指さしました。そこを雲の影がしずかに青くすべって

【25】爆発すれば、たぶん山は三分の一、北側をはねとばして

山体の三分の一がはね飛んでしまうような噴火というのは実際にあった。1888年7月の磐梯山の噴火である。この噴火で磐梯山は北側の半分近くが山体崩壊を起こし、多くの被害を出した。賢治もこのことを知っていて、このような表現を入れたのだろう。

現在でも磐梯山の北斜面でＵ字型に山体崩壊した跡がみられる（地理院地図航空写真を3Dで表示）

いるのでした。

「あすこには[29]熔岩の層が二つしかない。あとは柔らかな火山灰と火山礫の層だ。それにあすこまでは牧場の道も立派にあるから、材料を運ぶことも造作ない。ぼくは工作隊を申請しよう。」

老技師は忙しく局へ発信をはじめました。その時足の下では、つぶやくようなかすかな音がして、観測小屋はしばらくぎしぎしきしみました。老技師は器械をはなれました。

「局からすぐ工作隊を出すそうだ。工作隊といっても半分決死隊だ。私はいままでに、こんな危険に迫った仕事をしたことがない。」

「十日のうちにできるでしょうか。」

「きっとできる。装置には三日、サンムトリ市の発電所から、電線を引いてくるには五日かかるな。」

技師はしばらく指を折って考えていましたが、やがて安心したようにまたしずかに言いました。

「とにかくブドリ君。一つ茶をわかして飲もうではないか。あんまりいい景色だから。」

【26】牛やテーブルぐらいの岩は熱い灰やガスといっしょに
火山の噴火にともなって地表に噴出する物質を火山噴出物といい、火山ガス、溶岩、火山砕屑物がある。火山砕屑物は大きなものから火山岩塊（直径64㎜以上）、火山礫（64～2㎜）、火山灰（2㎜以下）、軽石などがある。牛やテーブルほども大きな火山岩塊が何百ｍも先まで飛散することも少なくない。防災用語では「噴石」と呼ばれる。

【27】ボーリングを入れて……ガスを抜くか熔岩を出させるか
火山噴火を防ぐため、海側を向いている斜面に横穴を開け、圧力が高まっている火山ガスを抜くか、火口近くまで上昇してきているマグマを横穴から流し出すかを検討している。

【28】古い噴火口の外輪山
火口やカルデラの中にさらに小さな火山

ブドリは持って来たアルコールランプに火を入れて、茶をわかしはじめました。空にはだんだん雲が出て、それに日ももう落ちたのか、海はさびしい灰いろに変わり、たくさんの白い波がしらは、いっせいに火山のすそに寄せて来ました。

ふとブドリはすぐ目の前に、いつか見たことのあるおかしな形の小さな飛行船が飛んでいるのを見つけました。老技師もはねあがりました。

「あ、クーボー君がやって来た。」ブドリも続いて小屋をとび出しました。飛行船はもう小屋の左側の大きな岩の壁の上にとまって、中からせいの高いクーボー大博士がひらりと飛びおりていました。博士はしばらくその辺の岩の大きなさけ目をさがしていましたが、やっとそれを見つけたと見えて、手早くねじをしめて飛行船をつなぎました。

「お茶をよばれに来たよ。ゆれるかい。」大博士はにやにやわらって言いました。老技師が答えました。

「まだそんなでない。けれども、どうも【30】岩がぼろぼろ上から落

ができているタイプの火山を複式火山といい、カルデラの周囲を作っている環状あるいは馬蹄形の山の連なりを外輪山という。

賢治がよく登ったという岩手山は複式火山で、より古い西岩手山の外輪山の東部分に新たな火山活動が起き、東岩手山の最高峰を作った。

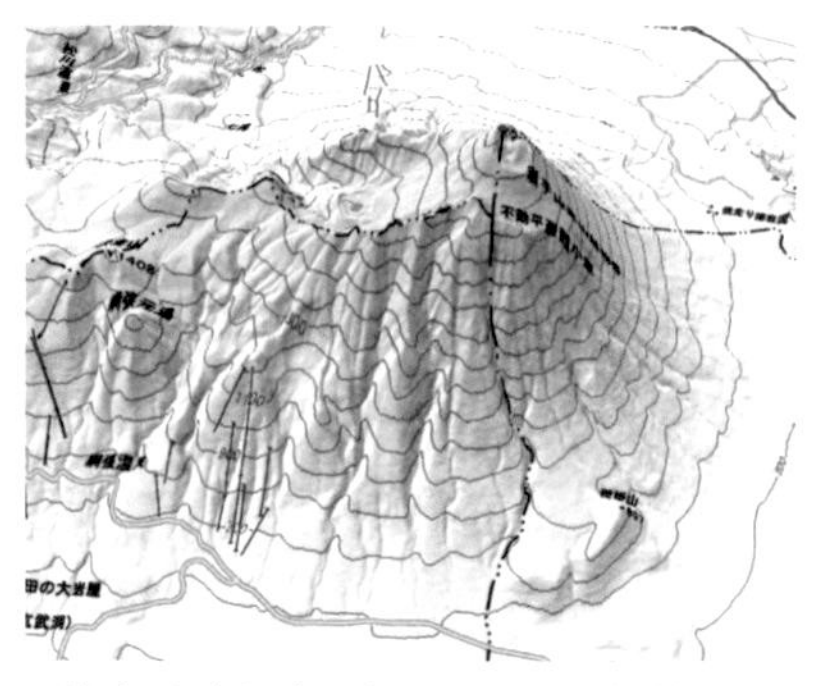
西岩手山と東岩手山（地理院地図より作成）

【29】熔岩の層が二つしかない。あとは柔らかな火山灰と火山礫の層

ちているらしいんだ。」

ちょうどその時、[31] 山はにわかにおこったように鳴り出し、ブドリは目の前が青くなったように思いました。山はぐらぐら続けてゆれました。見るとクーボー大博士も老技師もしゃがんで岩へしがみついていましたし、飛行船も大きな波に乗った船のようにゆっくりゆれておりました。

地震はやっとやみ、クーボー大博士は起きあがってすたすたと小屋へはいって行きました。中ではお茶がひっくり返って、アルコールが青くぽかぽか燃えていました。クーボー大博士は器械をすっかり調べて、それから老技師といろいろ話しました。そしてしまいに言いました。

「もうどうしても、来年は [32] 潮汐発電所を全部作ってしまわなければならない。それができれば今度のような場合にもその日のうちに仕事ができるし、ブドリ君が言っている沼ばたけの肥料も降らせられるんだ。」

「旱魃だってちっともこわくなくなるからな。」ペンネン技師も言

海側を向いている斜面で一番地盤が弱そうなところがどこかを検討している場面。硬い溶岩の地層が薄いので、ボーリングに適していると判断している。

【30】岩がぼろぼろ上から落ちている
火山の山頂付近の岩が落ちるのは、火山性地震や山体の膨張による斜面の傾斜が変化したためで、いわゆる噴火の前兆現象の一つである。

【31】山はにわかにおこったように鳴り出し……山はぐらぐら続けてゆれました
噴火がいよいよ近くなると、火山性地震と火山性微動が頻発し、その強度も大きくなってくる。火山性微動は火山性地震より継続時間が長いものをいう。

【32】潮汐発電所
干潮と満潮の海面差が大きいところでは、その落差で速い潮の流れが起きる。

いました。ブドリは胸がわくわくしました。山まで踊りあがっているように思いました。じっさい山は、その時はげしくゆれ出して、ブドリは床へ投げ出されていたのです。大博士が言いました。

「やるぞ、やるぞ。いまのはサンムトリの市へも、かなり感じたにちがいない。」

　老技師が言いました。

「今のはぼくらの【33】足もとから、北へ一キロばかり、地表下七百メートルぐらいの所で、この小屋の六七十倍ぐらいの岩の塊が熔岩の中へ落ち込んだらしいのだ。ところがガスがいよいよ最後の岩の皮をはね飛ばすまでには、そんな塊を百も二百も、じぶんのからだの中にとらなければならない。」

　大博士はしばらく考えていましたが、

「そうだ、僕はこれで失敬しよう。」と言って小屋を出て、いつかひらりと船に乗ってしまいました。老技師とブドリは、大博士があかりを二三度振って挨拶しながら、山をまわって向こうへ行くのを見送ってまた小屋にはいり、かわるがわる眠ったり観測したりしま

その流れを利用して電気エネルギーを生み出すのが潮汐（潮力）発電である。賢治の時代はまだ石炭が主力で、自然エネルギーの発電利用をこの時代にすでに考えていたことに驚く。

現在稼働している潮汐発電所は１９６７年に稼働開始したフランスのランス発電所、２０１１年の韓国の始華湖発電所など、世界に25か所ある。

【33】足もとから、北へ一キロばかり……熔岩の中へ落ち込んだ
火山の地下にある溶岩（マグマ）はマグマ溜まりを作っている。マグマの活動が活発になると、マグマ溜まりは上昇しながら周りの岩をどんどん崩して、中に取り込んでいく。
この一文はその様子を説明しているが、当時としてはかなり新しい知見だったと思われる。

した。そして明け方ふもとへ工作隊がつきますと、老技師はブドリを一人小屋に残して、きのう指さしたあの草地まで降りて行きました。みんなの声や、鉄の材料の触れ合う音は、下から風の吹き上げるときは、手にとるように聞こえました。ペンネン技師からはひっきりなしに、向こうの仕事の進み具合も知らせてよこし、[34]ガスの圧力や山の形の変わりようも尋ねて来ました。それから三日の間は、[34]はげしい地震や地鳴りのなかで、ブドリのほうもふもとのほうもほとんど眠るひまさえありませんでした。その四日目の午前、老技師からの発信が言って来ました。

「ブドリ君だな。すっかりしたくができた。急いで降りてきたまえ。観測の器械は一ぺん調べてそのままにして、表は全部持ってくるのだ。もうその小屋はきょうの午後にはなくなるんだから。」

ブドリはすっかり言われたとおりにして山を降りて行きました。そこにはいままで局の倉庫にあった大きな鉄材が、すっかり櫓に組み立っていて、いろいろな器械はもう電流さえ来ればすぐに働き出すばかりになっていました。ペンネン技師の頰はげっそり落ち、工

【34】ガスの圧力や山の形の変わりよう／はげしい地震や地鳴り
火山は噴火が近くなると火山ガスを出す量が増え、火山内部の圧力が高まり、山も膨張し始める。その圧力で周囲の岩盤にひび割れが起こり、地鳴りや火山性地震が発生する。

作隊の人たちも青ざめて目ばかり光らせながら、それでもみんな笑ってブドリに挨拶(あいさつ)しました。

老技師が言いました。

「では引き上げよう。みんなしたくして車に乗りたまえ。」みんなは大急ぎで二十台の自動車に乗りました。車は列になって山のすそを一散にサンムトリの市に走りました。ちょうど山と市とのまん中どこで、技師は自動車をとめさせました。「ここへ天幕(てんと)を張りたまえ。そしてみんなで眠るんだ。」みんなは、物をひとことも言えずに、そのとおりにして倒れるようにねむってしまいました。その午後、老技師は受話器を置いて叫びました。

「さあ電線は届いたぞ。ブドリ君、始めるよ。」老技師はスイッチを入れました。ブドリたちは、天幕の外に出て、サンムトリの中腹を見つめました。野原には、白百合(しらゆり)がいちめんに咲き、その向こうにサンムトリが青くひっそり立っていました。

[35] にわかにサンムトリの左のすそがぐらぐらっとゆれ、まっ黒なけむりがぱっと立ったと思うとまっすぐに天までのぼって行って、

おかしなきのこの形になり、その足もとから黄金色の熔岩がきらきら流れ出して、見るまにずうっと扇形にひろがりながら海へはいりました。と思うと地面ははげしくぐらぐらゆれ、百合の花もいちめんゆれ、それからごうっというような大きな音が、みんなを倒すくらい強くやってきました。それから風がどうっと吹いて行きました。

「やったやった。」とみんなはそっちに手を延ばして高く叫びました。この時サンムトリの煙は、くずれるようにそらいっぱいひろがって来ましたが、たちまちそらはまっ暗になって、熱いこいしがばらばらばらばら降ってきました。みんなは天幕の中にはいって心配そうにしていましたが、ペンネン技師は、時計を見ながら、

「ブドリ君、うまく行った。危険はもう全くない。市のほうへは灰をすこし降らせるだけだろう。」と言いました。こいしはだんだん灰にかわりました。それもまもなく薄くなって、みんなはまた天幕の外へ飛び出しました。野原はまるで一めんねずみいろになって、灰は一寸ばかり積もり、百合の花はみんな折れて灰に埋まり、空は変に緑いろでした。そしてサンムトリのすそには小さなこぶができ

【35】にわかにサンムトリの左のすそがぐらぐらっとゆれ、……海へはいりました

ブドリたちは被害を抑えるため、火山の海側の山腹に穴を開け、人工的に噴火させた。穴から噴煙が立ち上り、溶岩が海へ流れ出している様子を描写している。

て、そこから灰いろの煙が、まだどんどんのぼっておりました。

　その夕方、みんなは灰やこいしを踏んで、もう一度山へのぼって、新しい観測の器械を据(す)え着けて帰りました。

（七）雲の海

　それから四年の間に、クーボー大博士の計画どおり、潮汐(ちょうせき)発電所は、イーハトーヴの海岸に沿って、二百も配置されました。イーハトーヴをめぐる火山には、観測小屋といっしょに、白く塗られた鉄の櫓(やぐら)が順々に建ちました。

　ブドリは技師心得［見習い］になって、一年の大部分は火山から火山と回ってあるいたり、あぶなくなった火山を工作したりしていました。

　次の年の春、イーハトーヴの火山局では、次のようなポスターを村や町へ張りました。

「[36]窒素肥料を降らせます。

ことしの夏、雨といっしょに、[36]硝酸アンモニヤをみなさんの沼ばたけや蔬菜ばたけに降らせますから、肥料を使うかたは、その分を入れて計算してください。分量は百メートル四方につき百二十キログラムです。

雨もすこしは降らせます。

旱魃の際には、とにかく作物の枯れないぐらいの雨は降らせることができますから、いままで水が来なくなって作付けしなかった沼ばたけも、ことしは心配せずに植え付けてください。」

その年の六月、ブドリはイーハトーヴのまん中にあたるイーハトーヴ火山の頂上の小屋におりました。[37]下はいちめん灰いろをした雲の海でした。そのあちこちからイーハトーヴじゅうの火山のいただきが、ちょうど島のように黒く出ておりました。その雲のすぐ上を一隻の飛行船が、船尾から[38]まっ白な煙を噴いて、一つの峯から一つの峯へちょうど橋をかけるように飛びまわっていました。

【36】窒素肥料／硝酸アンモニヤ

植物の生育に特に必要な肥料の中でも特に重要なのが窒素肥料である。空気中には80％もの窒素が含まれているが、植物はそのままではこれを吸収することができず、自然界では土壌に含まれる窒素を微生物が分解し吸収可能な形に変えている。

窒素肥料の種類はいろいろあるが、多くはアンモニアが使われている。硝酸アンモニア（硝酸アンモニウム）はそのうちの一つで、水に溶けやすく土壌を酸化させない特徴がある。

【37】下はいちめん灰いろをした雲の海

イーハトーヴの中央にあるイーハトーヴ火山の頂上から周囲を見ると、雲が海のように広がり、高い峰だけが顔を出すような状態になっている様子。

そのけむりは、時間がたつほどだんだん太くはっきりなってしずかに下の雲の海に落ちかぶさり、まもなく、いちめんの雲の海にはうす白く光る大きな網が山から山へ張りわたされました。いつか飛行船はけむりを納めて、しばらく挨拶（あいさつ）するように輪を描いていましたが、やがて船首をたれてしずかに雲の中へ沈んで行ってしまいました。

受話器がジーと鳴りました。ペンネン技師の声でした。

「飛行船はいま帰って来た。下のほうのしたくはすっかりいい。雨はざあざあ降っている。もうよかろうと思う。はじめてくれたまえ。」

ブドリはぼたんを押しました。見る見るさっきのけむりの網は、美しい桃いろや青や紫に、パッパッと目もさめるようにかがやきながら、ついたり消えたりしました。ブドリはまるでうっとりとしてそれに見とれました。そのうちにだんだん日は暮れて、雲の海もあかりが消えたときは、灰いろかねずみいろかわからないようになりました。

受話器が鳴りました。

【38】まっ白な煙

飛行船が吐き出している真っ白な煙は、硝酸アンモニウムを作る原料となる粉。これに電気を流すことで、空気中の窒素を用いて硝酸アンモニウムを作るという想定である。

アンモニアの合成は日本窒素肥料によって1923年に成功した。

「硝酸(しょうさん)アンモニヤはもう雨の中へでてきている。量もこれぐらいならちょうどいい。移動のぐあいもいいらしい。あと四時間やれば、もうこの地方は今月中はたくさんだろう。つづけてやってくれたまえ。」

ブドリはもううれしくってはね上がりたいくらいでした。

この雲の下で昔の赤ひげの主人も、となりの石油がこやしになるかと言った人も、みんなよろこんで雨の音を聞いている。そしてあすの朝は、見違えるように緑いろになったオリザの株を手でなでたりするだろう。まるで夢のようだと思いながら、雲のまっくらになったり、また美しく輝いたりするのをながめておりました。ところが短い夏の夜はもう明けるらしかったのです。[39]電光の合間に、東の雲の海のはてがぼんやり黄ばんでいるのでした。

ところがそれは月が出るのでした。大きな黄いろな月がしずかにのぼってくるのでした。そして雲が青く光るときは変に白っぽく見え、桃いろに光るときは何かわらっているように見えるのでした。ブドリは、もうじぶんがだれなのか、何をしているのか忘れてしま

【39】電光の合間に、東の雲の海のはてがぼんやり黄ばんでいる
夏の夜に、東から顔を出す前の月明かりが東のほうに広がる雲の海を照らしている様子。

って、ただぼんやりそれをみつめていました。

受話器はジーと鳴りました。

「こっちではだいぶ雷が鳴りだして来た。網があちこちちぎれたらしい。あんまり鳴らすとあしたの新聞が悪口を言うからもう十分ばかりでやめよう。」

ブドリは受話器を置いて耳をすましました。雲の海はあっちでもこっちでもぶつぶつぶつぶつつぶやいているのです。よく気をつけて聞くとやっぱりそれはきれぎれの雷の音でした。

ブドリはスイッチを切りました。にわかに月のあかりだけになった雲の海は、やっぱりしずかに北へ流れています。ブドリは毛布をからだに巻いてぐっすり眠りました。

(八)秋

その年の農作物の収穫は、気候のせいもありましたが、十年の間にもなかったほど、よくできましたので、火山局にはあっちからもこっちからも感謝状や激励の手紙が届きました。ブドリはほじめてほんとうに生きがいがあるように思いました。

ところがある日、ブドリがタチナという火山へ行った帰り、とりいれの済んでがらんとした沼ばたけの中の小さな村を通りかかりました。ちょうどひるころなので、パンを買おうと思って、一軒の雑貨や菓子を買っている店へ寄って、

「パンはありませんか。」とききました。するとそこには三人のはだしの人たちが、目をまっ赤(か)にして酒を飲んでおりましたが、一人が立ち上がって、

「パンはあるが、どうも食われないパンでな。【40】石盤(セキパン)だもな。」と

おかしなことを言いますと、みんなはおもしろそうにブドリの顔を見てどっと笑いました。ブドリはいやになって、ぷいっと表へ出ましたら、向こうから髪を角刈りにしたせいの高い男が来て、いきなり、

「おい、お前、ことしの夏、電気でこやし降らせたブドリだな。」

と言いました。

【40】石盤

石盤（せきばん）は粘板岩のような薄く割れる石を板状にしたもので、ろう石などを使って文字を書くのに使っていた。ここではバンをパンと呼んでブドリをからかっている。

「そうだ。」ブドリは何げなく答えました。その男は高く叫びました。

「火山局のブドリが来たぞ。みんな集まれ。」

すると今の家の中やそこらの畑から、十八人の百姓たちが、げらげらわらってかけて来ました。

「この野郎、きさまの電気のおかげで、おいらのオリザ、みんな倒れてしまったぞ。何(な)してあんなまねしたんだ。」一人が言いました。

ブドリはしずかに言いました。

「倒れるなんて、きみらは春に出したポスターを見なかったのか。」

「何この野郎。」いきなり一人がブドリの帽子をたたき落としました。それからみんなは寄ってたかってブドリをなぐったりふんだりしました。ブドリはとうとう何がなんだかわからなくなって倒れてしまいました。

気がついてみるとブドリはどこかの病院らしい室の白いベッドに寝ていました。枕(まくら)もとには見舞いの電報や、たくさんの手紙がありました。ブドリのからだじゅうは痛くて熱く、動くことができませんでした。けれどもそれから一週間ばかりたちますと、もうブドリはもとの元気になっていました。そして新聞で、あのときの出来事は、肥料の入れようをまちがって教えた農業技師が、オリザの倒れたのをみんな火山局のせいにして、ごまかしていたためだということを読んで、大きな声で一人で笑いました。

その次の日の午後、病院の小使(こづかい)がはいって来て、

「ネリというご婦人のおかたがたずねておいでになりました。」と言いました。ブドリは夢ではないかと思いましたら、まもなく一人の日に焼けた百姓のおかみさんのような人が、おずおずとはいって来ました。それはまるで変わってはいましたが、あの森の中からだれかにつれて行かれたネリだったのです。二人はしばらく物も言えませんでしたが、やっとブドリが、その後のことをたずねますと、ネリもぼつぼつとイーハトーヴの百姓のことばで、今までのことを話しました。ネリを連れて行ったあの男は、三日ばかりの後、めんどうくさくなったのか、ある小さな牧場の近くへネリを残して、どこかへ行ってしまったのでした。

ネリがそこらを泣いて歩いていますと、その牧場の主人がかわいそうに思って家へ入れて、赤ん坊のお守（もり）をさせたりしていましたが、だんだんネリはなんでも働けるようになったので、とうとう三、四年前にその小さな牧場のいちばん上の息子（むすこ）と結婚したというのでした。そしてことしは肥料も降ったので、いつもなら厩肥（まやごえ）を遠くの畑まで運び出さなければならず、たいへん難儀したのを、近くのかぶら畑へみんな入れたし、遠くの玉蜀黍（とうもろこし）もよくできたので、家じゅうみんなよろこんでいるというようなことも言いました。またあの森の中へ主人の息子といっしょに何べんも行って見たけれども、家はすっかりこわれていたし、ブドリはどこへ行ったかわからないので、いつもがっかりして帰っていたら、きのう新聞で主人がブドリのけがをしたことを読んだので、やっとこっちへたずねて来たということも言いました。ブドリは、なおったらきっとその家へたずねて行ってお礼を言う約束をしてネリを帰しました。

【41】石灰岩

堆積岩の一種。水中のカルシウム分が沈殿してできる。カルシウム分は貝殻、サンゴ、ウミユリ、ボウスイチュウなどの炭酸カルシウムの殻をもつ生物の遺骸によるもの。石はたいてい白色で、セメントなどの原料になる。ほとんどの資源を輸入に頼る日本では珍しく、石灰岩は国内で賄える。

石灰岩の崖

（九）カルボナード島

それからの五年は、ブドリにはほんとうに楽しいものでした。赤ひげの主人の家にも何べんもお礼に行きました。

もうよほど年はとっていましたが、やはり非常な元気で、こんどは毛の長いうさぎを千匹以上飼ったり、赤い甘藍（かんらん）ばかり畑に作ったり、相変わらずの山師はやっていましたが、暮らしはずうっといいようでした。

ネリには、かわいらしい男の子が生まれました。冬に仕事がひまになると、ネリはその子にすっかりこどもの百姓のようなかたちをさせて、主人といっしょに、ブドリの家にたずねて来て、泊まって行ったりするのでした。

ある日、ブドリのところへ、昔てぐす飼いの男にブドリといっしょに使われていた人がたずねて来て、ブドリたちのおとうさんのお墓が森のいちばんはずれの大きな榧（かや）の木の下にあるということを教えて行きました。それは、はじめ、てぐす飼いの男が森に来て、森

【42】どうもあの恐ろしい寒い気候がまた来るような……その年の二月にみんなへそれを予報しました

現在では、気候の予報は気象庁が月別、季節別、位置別に行っている。実際に起こっている大気の流れや日射、水蒸気の凝結や降水など、様々な現象を考慮してスーパーコンピュータを用いて数値計算することで、将来の天候の状態を予測している。賢治の時代にはコンピュータによる解析がまだできなかったので、太陽観測などから予測していた。

日本で初めての天気図は１８８３年2月16日に東京気象台（気象庁の前身）で作成された。最初の天気予報は１８８４年6月1日で、現在のようにニュースとして広く周知されず、官報への掲載と東京市内の交番への掲示だけだった。

【43】気層のなかに炭酸ガスがふえて来れば暖かくなる

地球の大気の温度がほぼ一定なのは、太

じゅうの木を見てあるいたとき、ブドリのおとうさんたちの冷たくなったからだを見つけて、ブドリに知らせないように、そっと土に埋めて、上へ一本の樺（かば）の枝をたてておいたというのでした。ブドリは、すぐネリたちをつれてそこへ行って、白い[41]石灰岩の墓をたてて、それからもその辺を通るたびにいつも寄ってくるのでした。

そしてちょうどブドリが二十七の年でした。[42]どうもあの恐ろしい寒い気候がまた来るような模様でした。測候所では、太陽の調子や北のほうの海の氷の様子から、その年の二月にみんなへそれを予報しました。それが一足ずつだんだんほんとうになって、こぶしの花が咲かなかったり、五月に十日もみぞれが降ったりしますと、みんなはもうこの前の凶作を思い出して、生きたそらもありませんでした。クーボー大博士も、たびたび気象や農業の技師たちと相談したり、意見を新聞へ出したりしましたが、やっぱりこの激しい寒さだけはどうともできないようすでした。

ところが六月もはじめになって、まだ黄いろなオリザの苗や、芽を出さない木を見ますと、ブドリはもういてもいられませ

陽からの熱エネルギー（太陽放射）と、地球から水蒸気の蒸発や赤外線として放出するエネルギー（地球放射）量のバランスが取れているからである。実際には太陽放射よりも地球放射の方がエネルギー量が大きいが、大気中の水蒸気や二酸化炭素が地球放射エネルギーの一部を吸収・放出することで、地表付近の気温が保たれている。しかし大気中の二酸化炭素量が増えると、赤外線の吸収・放出量も増えるため、大気の温度が上昇する。これを温室効果といい、地球温暖化問題の原因とも言われている。

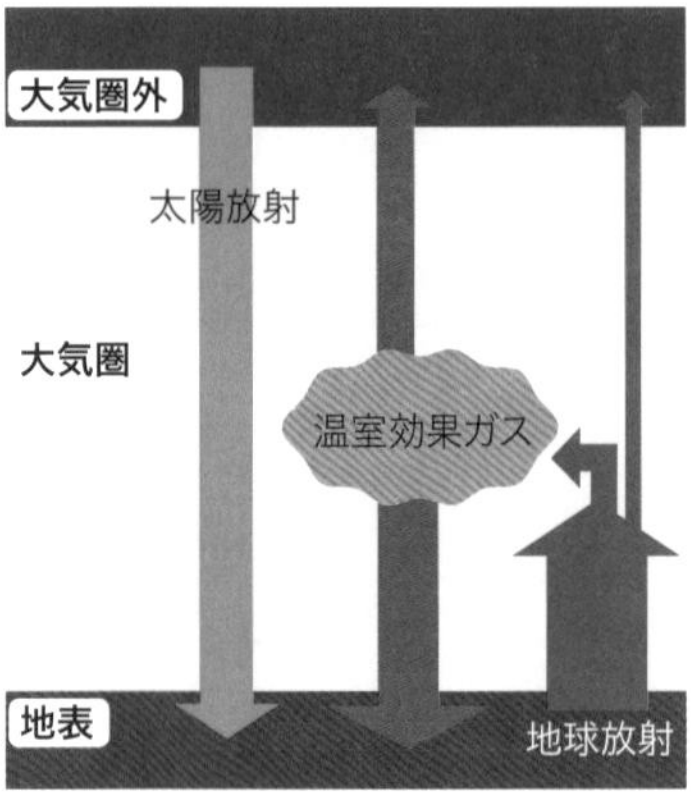

太陽放射と地球放射とのエネルギー収支

んでした。このままで過ぎるなら、森にも野原にも、ちょうどあの年のブドリの家族のようになる人がたくさんできるのです。ブドリはまるで物も食べずに幾晩も幾晩も考えました。ある晩ブドリは、クーボー大博士のうちをたずねました。

「先生、[43]気層のなかに炭酸ガスがふえて来れば暖かくなるのですか。」

「それはなるだろう。[44]地球ができてからいままでの気温は、たいてい空気中の炭酸ガスの量できまっていたと言われるくらいだからね。」

「カルボナード火山島が、いま爆発したら、この気候を変えるくらいの炭酸ガスを噴くでしょうか。」

「それは僕も計算した。あれがいま爆発すれば、ガスはすぐ[45]**大循環の上層の風**にまじって地球ぜんたいを包むだろう。そして[46]下層の空気や地表からの熱の放散を防ぎ、地球全体を平均で五度ぐらい暖かくするだろうと思う。」

「先生、あれを今すぐ噴かせられないでしょうか。」

【44】地球ができてからいままでの気温は、たいてい空気中の炭酸ガスの量できまっていたと言われる

大気に含まれる炭酸ガス（二酸化炭素）の温室効果で地球の気温が変化してきたことは、地質時代の化石の研究や堆積物の調査など様々な方法から推定されている。

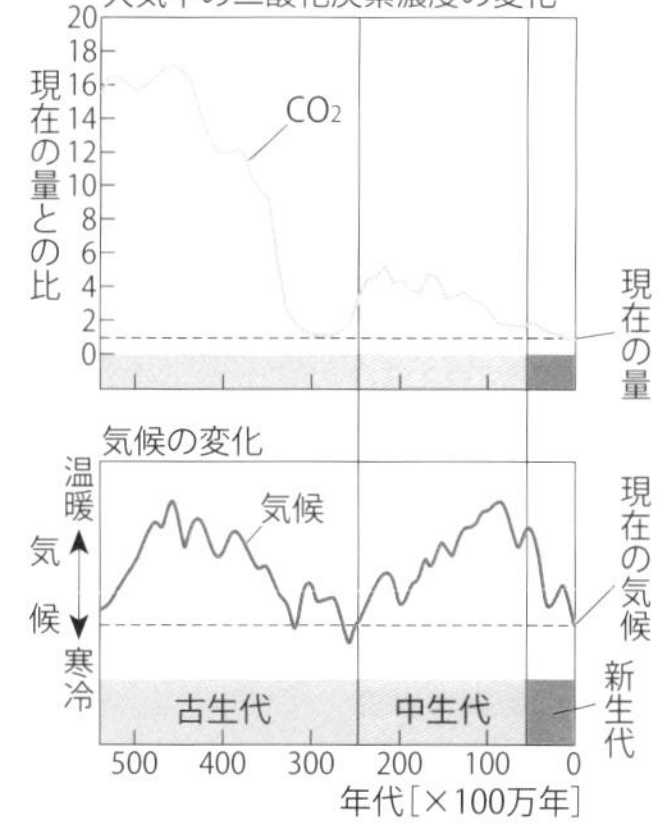

【45】大循環の上層の風

地球を取り巻く大気は対流圏のなかを循環している。地球規模の循環なので、大気の大循環と呼ばれる。

火山の大噴火によって高層まで吹き上げ

「それはできるだろう。けれども、その仕事に行ったもののうち、最後の一人はどうしても逃げられないのでね。」

「先生、私にそれをやらしてください。どうか先生からペンネン先生へお許しの出るようおことばをください。」

「それはいけない。きみはまだ若いし、いまのきみの仕事にかわれるものはそうはない。」

「私のようなものは、これからたくさんできます。私よりもっともっとなんでもできる人が、私よりもっと立派にもっと美しく、仕事をしたり笑ったりして行くのですから。」

「その相談は僕はいかん。ペンネン技師に話したまえ。」

ブドリは帰って来て、ペンネン技師に相談しました。技師はうなずきました。

「それはいい。けれども僕がやろう。僕はことしもう六十三なのだ。ここで死ぬなら全く本望というものだ。」

「先生、けれどもこの仕事はまだあんまり不確かです。一ぺんうまく爆発してもまもなくガスが雨にとられてしまうかもしれませんし、

られた細かい火山灰や火山ガスも、高層の大気の循環に乗って世界中に広がることになる（詳しくは第4章章末コラム参照）。

【46】下層の空気や地表からの熱の放散を防ぎ、地球全体を平均で五度ぐらい暖かくするだろう

二酸化炭素による温室効果によって地球の大気の平均気温は15度に保たれているが、二酸化炭素が増加するとどれくらい気温が上昇するのだろうか。

アメリカ地球物理学連合の研究では、過去50年間の気候予測はおおむね正確で、実際の観測値はモデルの予測と一致していた。このモデルでは二酸化炭素濃度が2倍になった場合、気温は約3度上昇するという予測だったが、最近では予想上昇気温は5度であるとする研究がいくつか出されている。

【47】日や月が銅いろになった

「あかがね」とは、赤黒くつやのある銅

また何もかも思ったとおりいかないかもしれません。先生が今度おいでになってしまっては、あとなんともくふうがつかなくなると存じます。」

老技師はだまって首をたれてしまいました。

それから三日の後、火山局の船が、カルボナード島へ急いで行きました。そこへいくつものやぐらは建ち、電線は連結されました。

すっかりしたくができると、ブドリはみんなを船で帰してしまって、じぶんは一人島に残りました。

そしてその次の日、イーハトーヴの人たちは、青ぞらが緑いろに濁り、【47】日や月が銅いろ（あかがね）になったのを見ました。

けれどもそれから三、四日たちますと、気候はぐんぐん暖かくなってきて、その秋はほぼ普通の作柄になりました。そしてちょうど、このお話のはじまりのようになるはずの、たくさんのブドリのおとうさんやおかあさんは、たくさんのブドリやネリといっしょに、その冬を暖かいたべものと、明るい薪（たきぎ）で楽しく暮らすことができたのでした。

の別称である。ここで太陽や月が赤っぽく見えるのは、朝焼け・夕焼けと同じ原理である。つまり、太陽の光が大気中を長く通過することにより、波長の短い青い光は大気中の分子で拡散され、波長の長い赤色の光だけが抜けてくることによる。

火山が噴火すると大気中に火山灰などの微粒子が多くなるので、赤い光が抜けやすくなる。

日の入り時の赤い太陽と月食時の赤銅色の月

column

火山はいつ噴火する？

グスコーブドリが働くことになるイーハトーヴ火山局には、最新鋭の火山監視システムがあったね。これは現在日本で行われている火山監視システムと非常によく似ている。現在はどのような監視がされているか、みていこう。

いつ噴火するかわからない火山

作品の中では、イーハトーヴには300以上の火山があり、そのうち約70の火山が活動中で、50余りが休火山、残りの160〜70は死火山であると書かれている。

これは古い火山の分類によるもので、かつては噴火活動をしている火山を活火山、噴火記録があるが現在活動していない火山を休火山、歴史時代に噴火記録がない火山を死火山と読んでいた。

しかし、火山は非常に長いスパンで活動するので、歴史的に記録がないからといって死火山と判断することは不適当と考えられるようになった。

そして2003年、火山予知連絡会は「おおむね過去1万年以内に噴火した火山および現在活発な噴気活動のある火山」を「活火山」とし、その他は単に「火山」と呼ぶことに決定した。

この話の中でも「死火山のうちにも、いつまた何をはじめるかわからないものも」あるって書いてあるよね。

現代の考え方に通じる、賢治の先見性を読み取れるね。

火山の監視システム

現在、日本には111の活火山が認められており、そのなかでも特に、いつ噴火するかわからない50火山については、充実した監視・観測体制が敷かれている。50火山のうち47山には、さらに噴火警戒レベルが発表されている（2020年6月現在）。

火山にいろいろな計測器を設置して常に状態を観察しているのは、イーハトーヴ火山局といっしょだね。

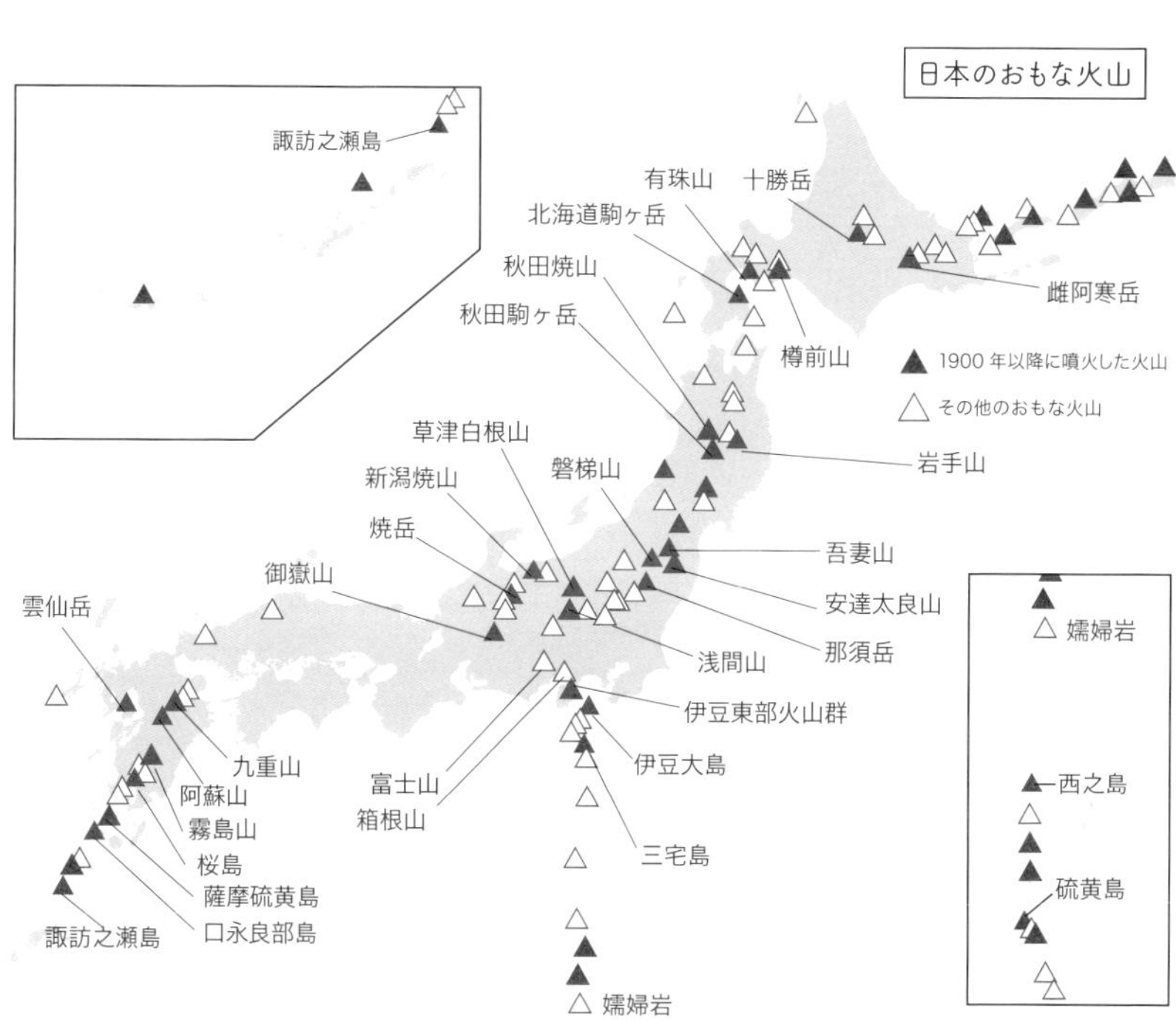

第4章

風野又三郎（かぜのまたさぶろう）

風野又三郎

九月一日

どっどどどうど　どどうど　どどう、
ああまいざくろも吹きとばせ
すっぱいざくろもふきとばせ
どっどどどうど　どどうど　どどう

谷川の岸に小さな四角な学校がありました。

学校といっても入口とあとはガラス窓の三つついた教室がひとつあるきりでほかには溜(たま)りも教員室もなく運動場はテニスコートのくらいでした。

先生はたった一人で、五つの級を教えるのでした。それはみんなでちょうど二十人になるのです。三年生はひとりもありません。

さわやかな九月一日の朝でした。青ぞらで風がどうと鳴り、日光は運動場いっぱいでした。黒い雪袴をはいた二人の一年生の子がどてをまわって運動場にはいって来て、まだほかに誰も来ていないのを見て

「ほう、おら一等だぞ。一等だぞ。」とかわるがわる叫びながら大悦びで門をはいって来たのでしたが、ちょっと教室の中を見ますと、二人ともまるでびっくりして棒立ちになり、それから顔を見合せてぶるぶるふるえました。がひとりはとうとう泣き出してしまいました。というわけはそのしんとした朝の教室のなかにどこから来たのか、まるで顔も知らないおかしな赤い髪の子供がひとり一番前の机にちゃんと座っていたのです。そしてその机といったらまったくこの泣いた子の自分の机だったのです。もひとりの子ももう半分泣きかけていましたが、それでもむりやり眼をりんと張ってそっちの方をにらめていましたら、ちょうどそのとき川上から

「ちゃうはあぶどり、ちゃうはあぶどり」と高く叫ぶ声がしてそれからいなずまのように嘉助が、かばんをかかえてわらって運動場へかけて来ました。と思ったらすぐそのあとから佐太郎だの耕助だの

どやどやってきました。

「なして泣ぃでら、うなかもたのが［お前が構ったのか］。」嘉助が泣かないこどもの肩をつかまえて云いました。するとその子もわあと泣いてしまいました。おかしいとおもってみんながあたりを見ると、教室の中にあの赤毛のおかしな子がすましてしゃんとすわっているのが目につきました。みんなはしんとなってしまいました。だんだんみんな女の子たちも集って来ましたが誰も何とも云えませんでした。赤毛の子どもは一向こわがる風もなくやっぱりじっと座っています。すると六年生の一郎が来ました。一郎はまるで坑夫のようにゆっくり大股にやってきて、みんなを見て「何した」とききました。みんなははじめてがやがや声をたててその教室の中の変な子を指しました。一郎はしばらくそっちを見ていましたがやがて鞄をしっかりかかえてさっさと窓の下へ行きました。みんなもすっかり元気になってついて行きました。

「誰だ、時間にならなぃに教室へはいってるのは。」一郎は窓へはいのぼって教室の中へ顔をつき出して云いました。

「先生にうんと叱らえるぞ。」窓の下の耕助が云いました。
「叱らえでもおら知らなぃよ。」嘉助が云いました。
「早ぐ出はって来、出はって来。」一郎が云いました。けれどもそのこどもはきょろきょろ室の中やみんなの方を見るばかりでやっぱりちゃんとひざに手をおいて腰掛に座っていました。

ぜんたいその形からが実におかしいのでした。変てこな鼠いろのマントを着て【1】水晶かガラスか、とにかくきれいなすきとおった沓をはいていました。それに顔と云ったら、まるで熟した苹果のよう殊に眼はまん円でまっくろなのでした。一向語が通じないようなので一郎も全く困ってしまいました。
「外国人だな。」「学校さ入るのだな。」みんなはがやがやがやがや云いました。ところが五年生の嘉助がいきなり
「ああ、三年生さ入るのだ。」と叫びましたので
「ああ、そうだ。」と小さいこどもらは思いましたが一郎はだまってくびをまげました。

変なこどもはやはりきょろきょろこっちを見るだけきちんと腰掛

【1】水晶かガラスか

水晶は石英と同じ鉱物で、外形が六角形の柱状のものをいう。二酸化珪素でできていて結晶している。一方、ガラスは珪素でできているが、結晶していない。

六角柱に結晶した水晶

けています。ところがおかしいことは、先生がいつものキラキラ光る呼子笛を持っていきなり出入口から出て来られたのです。そしてわらって

「みなさんお早う。どなたも元気ですね。」と云いながら笛を口にあててピルルと吹きました。そこでみんなはきちんと運動場に整列しました。

「気を付けっ」

　みんな気を付けをしました。けれども誰の眼もみんな教室の中の変な子に向いていました。先生も何があるのかと思ったらしく、ちょっとうしろを振り向いて見ましたが、なあになんでもないという風でまたこっちを向いて

「右ぃおいっ」と号令をかけました。ところがおかしな子どもはやっぱりちゃんとこしかけたまままきろきろこっちを見ています。みんなはそれから番号をかけて右向けをして順に入口からはいりましたが、その間中も変な子供は少し額に皺を寄せて〈以下原稿数枚なし〉

と一郎が一番うしろからあまりさわぐものを一人ずつ叱（しか）りました。

みんなはしんとなりました。

「みなさん休みは面白（おもしろ）かったね。朝から水泳ぎもできたし林の中で鷹（たか）にも負けないくらい高く叫んだりまた兄さんの草刈（くさか）りについて行ったりした。それはほんとうにいいことです。けれどももう休みは終（おわ）りました。これからは秋です。むかしから秋は一番勉強のできる時だといってあるのです。ですから、みなさんも今日からまたしっかり勉強しましょう。みなさんは休み中でいちばん面白かったことは何ですか。」

「先生。」と四年生の悦治が手をあげました。

「はい。」

「先生さっきたの人あ何だったべす。」

先生はしばらくおかしな顔をして

「さっきの人……」

「さっきたの髪（かみ）の赤いわらすだんす。」みんなもどっと叫（さけ）びました。

「先生髪のまっ赤なおかしなやづだったんす。」

「マント着てたで。」

「笛鳴らなぃに教室さはいってたぞ。」

先生は困って

「一人ずつ云うのです。髪の赤い人がここに居たのですか。」

「そうです、先生。」〈以下原稿数枚なし〉

の山にのぼってよくそこらを見ておいでなさい。それからあしたは道具をもってくるのです。それではここまで。」と先生は云いました。みんなもうあの山の上ばかり見ていたのです。

「気を付けっ。」一郎が叫びました。「礼っ。」みんなおじぎをするや否やまるで風のように教室を出ました。それからがやがやその草山へ走ったのです。女の子たちもこっそりついて行きました。けれどもみんなは山にのぼるとがっかりしてしまいました。みんながやっとその栗の木の下まで行ったときはその変な子はもう見えませんでした。そこには十本ばかりのたけにぐさが先生の云ったとおり風にひるがえっているだけだったのです。けれども小さい方のこどもらはもうあんまりその変な子のことばかり考えていたもんですからもうそろそろ厭きていました。

そしてみんなはわかれてうちへ帰りましたが一郎や嘉助は仲々それを忘れてしまうことはできませんでした。

九月二日

次の日もよく晴れて谷川の波はちらちらひかりました。

一郎と五年生の耕一とは、丁度午后二時に授業がすみましたので、いつものように教室の掃除をして、それから二人一緒に学校の門を出ましたが、その時二人の頭の中は、昨日の変な子供で一杯になっていました。そこで二人はもう一度、あの青山の栗の木まで行って見ようと相談しました。二人は鞄をきちんと背負い、川を渡って丘をぐんぐん登って行きました。

ところがどうです。丘の途中の小さな段を一つ越えて、ひょっと上の栗の木を見ますと、たしかにあの赤髪の鼠色のマントを着た変な子が草に足を投げ出して、だまって空を見上げているのです。今日こそ全く間違いありません。たけにぐさは栗の木の左の方でかすかにゆれ、栗の木のかげは黒く草の上に落ちています。

その黒い影は変な子のマントの上にもかかっているのでした。二人はそこで胸をどきどきさせて、まるで風のようにかけ上りました。その子は大きな目をして、じっと二人を見ていましたが、逃げようともしなければ笑いもしませんでした。小さな唇を強そうにきっと結んだまま、黙って二人のかけ上って来るのを見ていました。

二人はやっとその子の前まで来ました。けれどもあんまり息がはあはあしてすぐには何も云えませんでした。耕一などはあんまりもどかしいもんですから空へ向いて、

「ホッホウ。」と叫んで早く息を吐いてしまおうとしました。するとその子が口を曲げて一寸笑いました。

一郎がまだはあはあ云いながら、切れ切れに叫びました。

「汝ぁ［お前は］誰だ。何だ汝ぁ。」

するとその子は落ちついて、まるで大人のようにしっかり答えま

した。

「[2]風野又三郎。」

「どこの人だ、ロシヤ人か。」

するとその子は空を向いて、はあはあはあはあ笑い出しました。その声はまるで鹿（しか）の笛のようでした。それからやっとまじめになって、

「又三郎だい。」とぶっきら棒に返事しました。

「ああ風の又三郎だ。」一郎と耕一とは思わず叫んで顔を見合（あわ）せました。

「だからそう云ったじゃないか。」又三郎は少し怒（おこ）ったようにマントからとがった小さな手を出して、草を一本むしってぷいっと投げつけながら云いました。

「そんだらあっちこっち飛んで歩くな。」一郎がたずねました。

「うん。」

「面白（おもしろ）いか。」と耕一が言いました。すると風の又三郎はまた笑い出して空を見ました。

【2】風野又三郎

山の小学校にやって来た高田三郎という転校生と地元の子ども達との交流を描く「風の又三郎」という作品もあり、こちらは映画化もされて有名。一方、転校生の名前がそのままタイトルになった「風野又三郎」は「風の又三郎」のプロトタイプとされ、又三郎の風の擬人化としての側面がより強調されている。

甲信越や東北地方では風神を「風の三郎」と呼ぶことがあり、各地に風神が祀られているが、賢治はそれを題材にしたのかもしれない。

「うん面白い。」

「昨日何して逃げた。」

「逃げたんじゃないや。昨日は【3】二百十日だい。本当なら兄さんたちと一緒にずうっと北の方へ行ってるんだ。」

「何して行かなかった。」

「兄さんが呼びに来なかったからさ。」

「何て云う、汝の兄なは。」

「風野又三郎。きまってるじゃないか。」又三郎はまた機嫌を悪くしました。

「あ、判った。うなの兄なも風野又三郎、うなぃのお父さんも風野又三郎、うなぃの叔父さんも風野又三郎だな。」と耕一が言いました。

「そうそう。そうだよ。僕はどこへでも行くんだよ。」

「支那［中国の古称］へも行ったか。」

「うん。」

「【4】岩手山へも行ったが。」

【3】二百十日
立春（2月4日頃）から数えて210日目にあたる9月1日頃を指す。雑節の一つで台風がよく来るとか強風がよく吹く日と言われ、農作物（特に稲など）に影響が出るので気をつける べき時期とされている。

【4】岩手山
岩手県盛岡市の北西にある県の最高峰で、標高2038mの成層火山である。賢治は盛岡中学2年生の時に植物採集のために初めて岩手山に登り、すっかり魅了されてしまった。その後も何度も登っては各地で石の採集を行い、自宅の押し入れは集めた石でいっぱいになっていたそうだ。

「岩手山から今来たんじゃないか。ゆうべは岩手山の谷へ泊(とま)ったんだよ。」

「いいなぁ、おらも風になるたぃなぁ。」

　すると風の又三郎はよろこんだの何のって、顔をまるでりんごのようにかがやくばかり赤くしながら、いきなり立ってきりきりきりっと二、三べんかかとで廻(まわ)りました。鼠(ねずみ)色のマントがまるでギラギラする白光りに見えました。それから又三郎は座って話し出しました。

「面白かったぞ。今朝のはなし聞かせようか、そら、僕は昨日の朝ここに居たろう。」

「あれから岩手山へ行ったな。」耕一がたずねました。

「あったりまえさ、あったりまえ。」又三郎は口を曲げて耕一を馬(ば)鹿(か)にしたような顔をしました。

「そう僕のはなしへ口を入れないで黙っておいで。ね、そら、昨日の朝、僕はここから北の方へ行ったんだ。途中で六十五回もいねむりをしたんだ。」

盛岡の北西にある岩手山

「何(な)してそんなにひるねした？」

「仕方ないさ。[5]僕たちが起きてはね廻(まわ)っていようたって、行くところがなくなればあるけないじゃないか。あるけなくなりゃ、いねむりだい。きまってらぁ。」

「歩けないたって立つが座(ねま)るかして目をさましていればいい。」

「うるさいねえ、いねむりたって僕がねむるんじゃないんだよ。お前たちがそう云(い)うんじゃないか。お前たちは僕らのじっと立ったり座ったりしているのを、風がねむると云うんじゃないか。僕はわざとお前たちにわかるように云ってるんだよ。うるさいねえ。もう僕、行っちまうぞ。黙って聞くんだ。ね、そら、僕は途中で六十五回いねむりをして、その間考えたり笑ったりして、夜中の一時に岩手山の丁度三合目についたろう。あすこの小屋にはもう人が居ないねえ。僕は小屋のまわりを一ぺんぐるっとまわったんだよ。そしてまっくろな地面をじっと見おろしていたら何だか足もとがふらふらするんだ。[6]見ると谷の底がだいぶ空(あ)いてるんだ。僕らは、もう、少しでも、空いているところを見たらすぐ走って行かないといけないん

【5】僕たちが起きてはね廻っていようたって……いねむりだい

又三郎は風の化身として描かれているので、風すなわち空気の移動を表している。基本的に空気は気圧の高い方から低い方に移動する。気圧の変化がない時は、空気の移動も起こらないため、又三郎は眠ってしまうのである。

【6】見ると谷の底がだいぶ空いてるんだ……僕はどんどん下りて行ったんだ

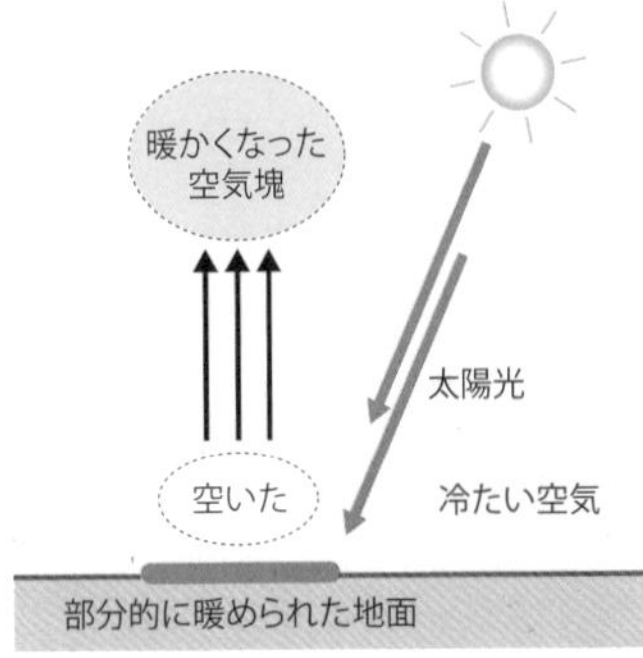

暖められた地面に接している空気塊も暖められ、軽くなって上昇する。そして空いたところに周りの空気が風として移動してくる。

だからね、僕はどんどん下りて行ったんだ。谷底はいいねえ。僕は三本の白樺の木のかげへはいってじっとしずかにしていたんだ。朝までお星さまを数えたりいろいろこれからの面白いことを考えたりしていたんだ。あすこの谷底はいいねえ。そんなにしずかじゃないんだけれど。それは僕の前にまっ黒な崖があってねえ、そこから一晩中ころころかさかさ石かけや火山灰のかたまったのやが崩れて落ちて来るんだ。けれどもじっとその音を聞いてるとね、なかなか面白いんだよ。そして今朝【7】少し明るくなるとその崖がまるで火が燃えているようにまっ赤なんだろう。そうそう、まだ明るくならないうちにね、谷の上の方をまっ赤な火がちらちらちらちら通って行くんだ。楢の木や樺の木が火にすかし出されてまるで烏瓜の燈籠のように見えたぜ。」

「そうだ。おら去年烏瓜の燈火拵えた。そして縁側へ吊して置いたら風吹いて落ちた。」と耕一が言いました。

すると又三郎は噴き出してしまいました。

「僕お前の烏瓜の燈籠を見たよ。あいつは奇麗だったねい、だから

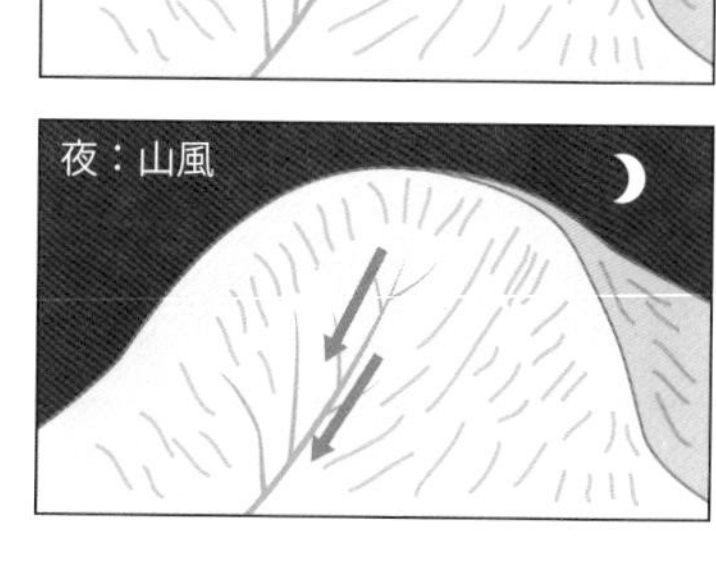

夜間、山の谷底は水気があるので尾根に比べて温度が高い。そのため谷の空気は上昇してそこに空洞ができ、気圧の下がった空洞に尾根から冷たい空気が下りてくる。これを山風という。

【7】少し明るくなるとその崖がまるで火が燃えているようにまっ赤

斜面の崖には谷底よりも先に太陽の光が当たり始めるため、まだ辺りが暗いうちから山肌が朝焼けのような赤に染まるのだろう。

僕がいきなり衝き当って落してやったんだ。」

「うわぁい。」

耕一はただ一言云ってそれから何ともいえない変な顔をしました。

又三郎はおかしくておかしくてまるで咽喉を波のようにして一生けん命空の方に向いて笑っていましたがやっとこらえて泪を拭きながら申しました。

「僕失敬したよ。僕そのかわり今度いいものを持って来てあげるよ。お前んとこへね、きれいなはこやなぎの木を五本持って行ってあげるよ。いいだろう。」

耕一はやっと怒るのをやめました。そこで又三郎はまたお話をつづけました。

「ね、その谷の上を行く人たちはね、みんな白いきものを着て一番はじめの人はたいまつを待っていただろう。僕すぐもう行って見たくて行って見たくて仕方なかったんだ。けれどどうしてもまだ歩けないんだろう、そしたらね、そのうちに東が少し白くなって鳥がなき出したろう。ね、あすこにはやぶうぐいすや岩燕やいろいろ居る

【8】僕は早く谷から飛び出したくて飛び出したくて仕方なかった……さあ僕はひらっと飛びあがった

夜が明けると尾根に太陽が当たって谷間より先に温度が上がり、空気は上昇する。そのため尾根付近の気圧が下がり、その空いたところへ谷間の空気が谷風として移動しようとする。

んだ。鳥がチッチクチッチクなき出したろう。もう【8】僕は早く谷から飛び出したくて飛び出したくて仕方なかったんだよ。すると丁度いいことにはね、いつの間にか上の方が大へん空いてるんだ。さあ僕はひらっと飛びあがった。そしてピゥ、ただ一足でさっきの白いきものの人たちのとこまで行った。その人たちはね一列になってつつじやなんかの生えた石からをのぼっているだろう。そのたいまつはもうみじかくなって消えそうなんだ。僕がマントをフゥとやって通ったら火がぽっぽっと青くうごいてね、とうとう消えてしまったよ。ほんとうはもう消えてもよかったんだ。東が【9】琥珀のようになって大きなとかげの形の雲が沢山浮んでいた。

『あ、とうとう消だ。』と誰かが叫んでいた。おかしいのはねえ、列のまん中ごろに一人の少し年老った人が居たんだ。その人がね、年を老って大儀なもんだから前をのぼって行く若い人のシャツのはじにね、一寸とりついたんだよ。するとその若い人が怒ってね、『引っ張るなったら、先刻たがらいで処さ来るづどいっつも引っ張らが。』と叫んだ。みんなどっと笑ったね。僕も笑ったねえ。そし

【9】琥珀
樹脂が化石になったもの。淡い褐色で透明感があり、装飾品としても販売される。稀に琥珀の中に虫などが入り込んでいることがある。最近では中生代の小さな鳥の頭が入っているものが見つかり、恐竜の時代の鳥として話題になっている。

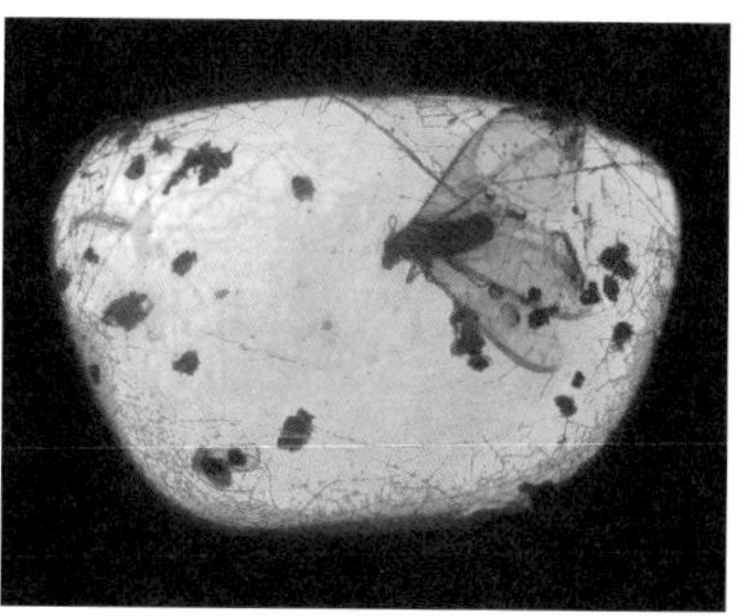

虫入りの貴重な琥珀

【10】火口
火山の山頂に噴火時にできた凹型の窪みを火口という。ここでは岩手山山頂の火口。

てまた一あしでもう頂上に来ていたんだ。それからあの昔の【10】火口のあとにはいって僕は二時間ねむった。ほんとうにねむったのさ。するとね、ガヤガヤ云うだろう、見るとさっきの人たちがやっと登って来たんだ。みんなで火口のふちの三十三の石ぼとけにね、バラリバラリとお米を投げつけてね、もうみんな早く頂上へ行こうと競争なんだ。向うの方ではまるで泣いたばかりのような群青の山脈や杉ごけの丘のようなきれいな山にまっ白な雲が所々かかっているだろう。すぐ下にはお苗代や御釜【11】**火口湖**がまっ蒼に光って白樺の林の中に見えるんだ。面白かったねい。みんなぐんぐんぐんぐん走っているんだ。すると頂上までの処にも一つ坂があるだろう。あすこをのぼるときまたさっきの年老りがね、前の若い人のシャツを引っぱったんだ。怒っていたねえ。それでも頂上に着いてしまうとそのとし老りがガラスの瓶を出してちいさなちいさなコップについでそれをそのぷんぷん怒っている若い人に持って行って笑って拝むまねをして出したんだよ。すると若い人もね、急に笑い出してしまってコップを押し戻していたよ。そしておしまいとうとうのんだろう

【11】火口湖
火山の頂にできた火口に水が溜まったもの。御苗代湖、御釜湖はともに岩手山にある火口湖。

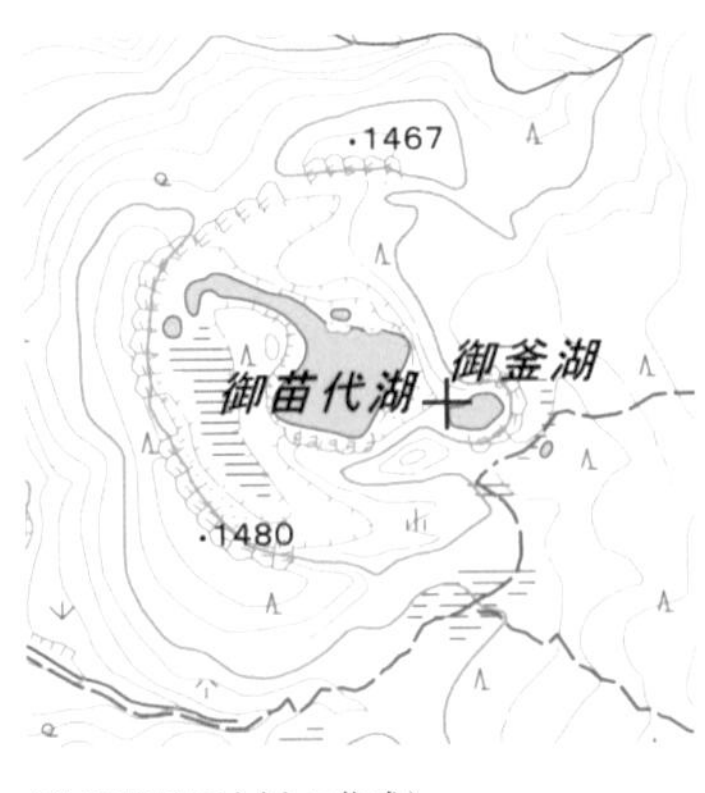

（地理院地図をもとに作成）

【12】二百二十日
立春（2月4日頃）から数えて２２０日にあたる9月10日頃を指す。稲穂に花がつく時期で、強風に気をつけるべき日として二百十日とともに雑節に挙げられていた。２０１０年代の9月に上陸した台風13個のうち、6個が1日~10日に集中している。

かねえ。僕はもう丁度こっちへ来ないといけなかったもんだからホウと一つ叫(さけ)んで岩手山の頂上からはなれてしまったんだ。どうだ面白いだろう。」

「面白いな。ホウ。」と耕一が答えました。

「又三郎さん。お前(まい)はまだここらに居るのか。」一郎がたずねました。

　又三郎はじっと空を見ていましたが

「そうだねえ。もう五、六日は居るだろう。歩いたってあんまり遠くへは行かないだろう。それでももう九日たつと【12】**二百二十日**だからね。その日は、事によると僕は【13】**タスカロラ海床**(かいしょう)のすっかり北のはじまで行っちまうかも知れないぜ。今日もこれから一寸(ちょっと)向(む)うまで行くんだ。僕たちお友達になろうかねえ。」

「はじめから友だちだ。」一郎が少し顔を赤くしながら云いました。

「あした僕はまたどっかであうよ。学校から帰る時もし僕がここに居たようならすぐおいで。ね。みんなも連れて来ていいんだよ。僕はいくらでもいいこと知ってんだよ。えらいだろう。あ、もう行く

9月		
1日		
2日		
3日	2011年	
4日	2015年	
5日	2014年	
6日		
7日		
8日	2010年	2019年
9日	2015年	
10日		
11日		
12日	2019年	
13日		
14日		
15日	2013年	
16日		
17日	2017年	
18日		
19日	2016年	
20日		
21日	2011年	
22日		
23日		
24日		
25日		
26日		
27日		
28日		
29日		
30日	2012年	2015年

2010～19年の間に日本に上陸した9月の台風（気象庁の資料をもとに作成）

【13】タスカロラ海床

海床は現在は海淵と呼ばれる。1874年にアメリカのタスカロラ号が現在の千島・カムチャツカ海溝の中央部にある特に深い部分（海淵）を観測したことから、タスカロラ海淵と呼ばれるようになった。

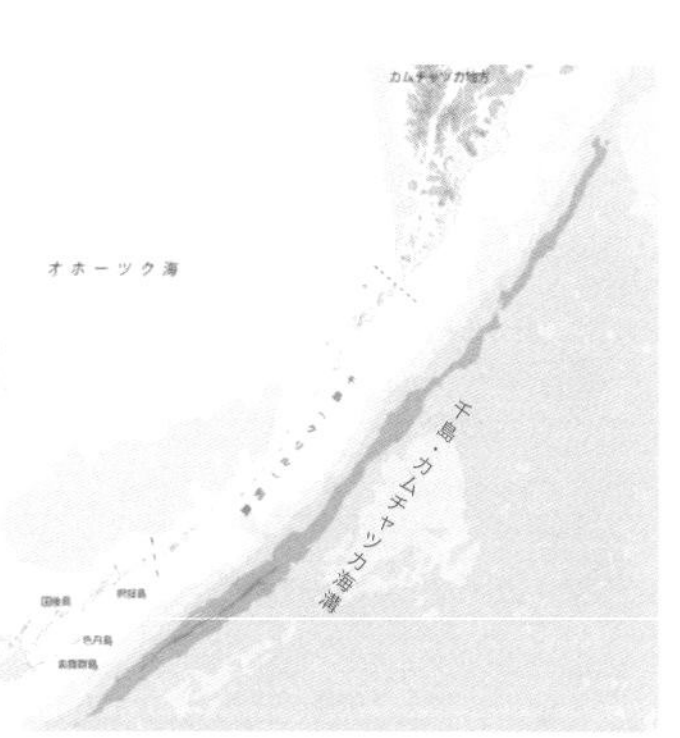

千島・カムチャツカ海溝（地理院地図をもとに作成）

んだ。さよなら。」

　又三郎は立ちあがってマントをひろげたと思うとフィウと音がしてもう形が見えませんでした。

　一郎と耕一とは、あしたまたあうのを楽しみに、丘を下っておうちに帰りました。

九月三日

　その次の日は九月三日でした。昼すぎになってから一郎は大きな声で云いました。

「おう、又三郎は昨日また来たぞ。今日も来るかも知れないぞ。又三郎の話聞きたいものは一緒にあべ［行こう］。」

　残っていた十人の子供らがよろこんで、

「わぁっ」と叫びました。

　そしてもう早くもみんなが丘にかけ上ったのでした。ところが又三郎は来ていないのです。みんなは声をそろえて叫びました。

「又三郎、又三郎、どうどっと吹いで来。」

それでも、又三郎は一向来ませんでした。

「風どうと吹いて来、豆呉ら風どうと吹いで来。」

【14】空には今日も青光りが一杯に漲ぎり、白いまばゆい雲が大きな環になって、しずかにめぐるばかりです。みんなはまた叫びました。

「又三郎、又三郎、どうと吹いて降りで来。」

又三郎は来ないで、却ってみんな見上げた【15】青空に、小さな小さなすき通った渦巻が、みずすましの様に、ツイツイと、上ったり下ったりするばかりです。みんなはまた叫びました。

「又三郎、又三郎、汝、何して早ぐ来ない。」

それでも又三郎はやっぱり来ませんでした。

ただ一疋の鷹が銀色の羽をひるがえして、空の青光を咽喉一杯に呑みながら、東の方へ飛んで行くばかりです。みんなはまた叫びました。

「又三郎、又三郎、早ぐ此さ飛んで来。」

その時です。あのすきとおる沓とマントがギラッと白く光って、

【14】空には今日も青光りが一杯に漲ぎり、白いまばゆい雲が大きな環になって

天気が良いときには、上層に氷晶でできた真綿を引いたような巻雲や巻層雲ができ、その雲に太陽を囲んで虹のような大きな輪ができることがある。

【15】青空に、小さな小さなすき通った渦巻が……上ったり下ったりする

晴天時に上層にできる巻雲が、真綿から糸を引くように筋を描く様子を、水面を移動する昆虫ミズスマシの動きにたとえている。

風の又三郎は顔をまっ赤に熱らせて、はあはあしながらみんなの前の草の中に立ちました。

「ほう、又三郎、待っていたぞ。」

みんなはてんでに叫びました。又三郎はマントのかくしから、うすい黄色のはんけちを出して、額の汗を拭きながら申しました。

「僕ね、もっと早く来るつもりだったんだよ。ところが【16】あんまりさっき高いところへ行きすぎたもんだから、お前達の来たのがわかっていても、すぐ来られなかったんだよ。それは僕は高いところまで行って、そら、あすこに白い雲が環になって光っているんだろう。僕はあのまん中をつきぬけてもっと上に行ったんだ。そして叔父さんに挨拶して来たんだ。僕の叔父さんなんか偉いぜ。今日だってもう三十里から歩いているんだ。僕にも一緒に行こうって云ったけれどもね、僕なんかまだ行かなくてもいいんだよ。」

「汝ぃの叔父さんどごまで行く。」

「僕の叔父さんかい。叔父さんはね、【17】今度ずうっと高いところをまっすぐに北へすすんでいるんだ。

【16】あんまりさっき高いところへ行きすぎた……すぐ来られなかった

巻雲や巻層雲が出ている高さは地上から約10㎞の上層で、日本のような中緯度地方では、この高さに強い西風が吹いている。これは中・下層の風とは別方向に吹いているため、これに乗ると下層に降りて行きにくいことになる。

【17】今度ずうっと高いところをまっすぐに……そのかけらはここから見えやしないよ

大気大循環によって、北半球の上空では北に向かって大気が循環している。その高さは地上約10㎞、気温はマイナス35℃くらいである。そのためこの付近にある水滴は氷晶の雲を作る。氷晶の大きさは数㎛～100㎛程であるから、当然地上からは見えない。

叔父さんのマントなんか、まるで冷えてしまっているよ。小さな小さな氷のかけらがさらさらぶっかかるんだもの、そのかけらはここから見えやしないよ」

「又三郎さんは去年なも今頃ここへ来たか。」

「去年は今よりもう少し早かったろう。面白かったねえ。九州からまるで一飛びに馳けて馳けてまっすぐに東京へ来たろう。そしたら丁度僕は保久大将の家を通りかかったんだ。僕はね、あの人を前にも知っているんだよ。だから面白くて家の中をのぞきこんだんだ。障子が二枚はずれてね『すっかり嵐になった』とつぶやきながら障子を立てたんだ。僕はそこから走って庭へでた。あすこにはざくろの木がたくさんあるねえ。若い大工がかなづちを腰にはさんで、尤もらしい顔をして庭の塀や屋根を見廻っていたがね、本当はやっこさん、僕たちの馳けまわるのが大変面白かったようだよ。唇がぴくぴくして、いかにもうれしいのを、無理にまじめになって歩きまわっていたらしかったんだ。

そして落ちたざくろを一つ拾って噛ったろう、さあ僕はおかしくて笑ったね、そこで僕は、屋敷の塀に沿って一寸戻ったんだ。それから俄かに叫んで大工の頭の上をかけ抜けたねえ。

ドッドド　ドドウド　ドドウド　ドドウ、

甘いざくろも吹き飛ばせ

酸っぱいざくろも吹き飛ばせ

ホラね、ざくろの実がばたばた落ちた。大工はあわてたような変なかたちをしてるんだ。僕はもう笑って笑って走った。

電信ばしらの針金を一本切ったぜ、それからその晩、夜どおし馳けてここまで来たんだ。

ここを通ったのは丁度あけがただった。その時僕は、あの【18】**高洞山**のまっ黒な【19】**蛇紋岩**に、一つかみの雲を叩きつけて行ったんだ。そしてその日の晩方にはもう僕は海の上にいたんだ。海と云ったって見えはしない。もう僕はゆっくり歩いていたからね。霧が一杯にかかってその中で波がドンブラゴッコ、ドンブラゴッコ、と云ってるような気がするだけさ。今年だって二百二十日になったら僕はまた馳けて行くんだ。面白いなあ。」

【18】高洞山

盛岡駅の北東にあり、JR山田線上米内駅の南にそびえる標高521・8mの山である。

又三郎は九州から東京を経て一飛びに馳けて高洞山まで来たと言っている。台風が偏西風に乗って一気に南西から北東へ行くことを思わせる表現だ。

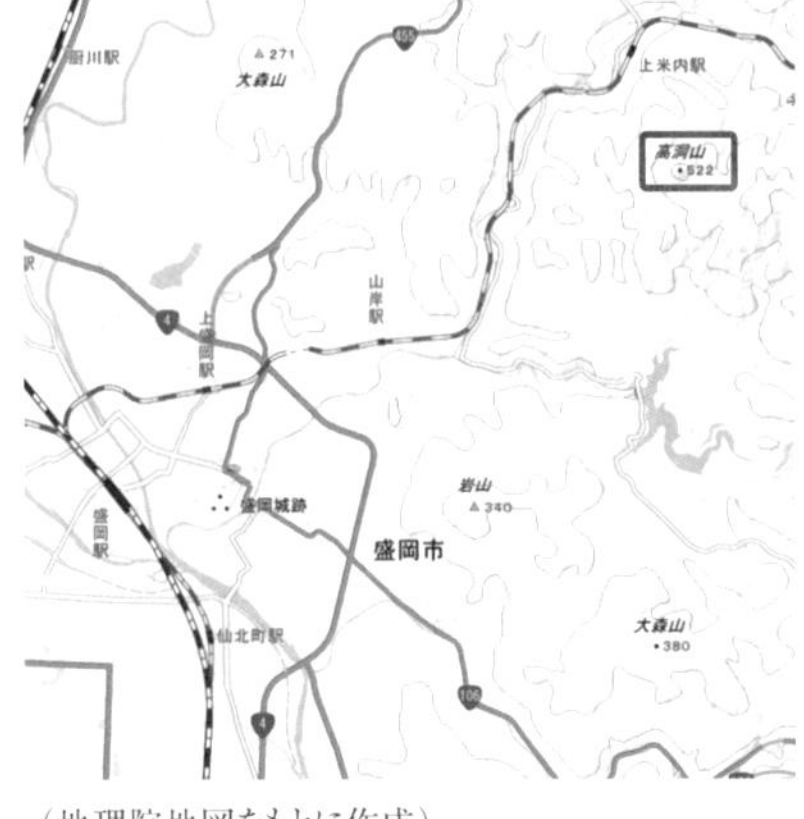

（地理院地図をもとに作成）

「ほう、いいなあ、又三郎さんだちはいいなあ。」

小さな子供たちは一緒に云いました。

すると又三郎はこんどは少し怒(おこ)りました。

「お前たちはだめだねえ。なぜ人のことをうらやましがるんだい。僕だってつらいことはいくらもあるんだい。お前たちにもいいことはたくさんあるんだい。僕は自分のことを一向考えもしないで人のことばかりうらやんだり馬鹿(ばか)にしているやつらを一番いやなんだぜ。僕たちの方ではね、自分を外(ほか)のものとくらべることが一番はずかしいことになっているんだ。僕たちはみんな一人一人なんだよ。さっきも云ったような僕たちの一年に一ぺんか二へんの大演習の時にね、いくら早くばかり行ったって、うしろをふりむいたり並(なら)んで行くものの足なみを見たりするものがあると、もう誰(だれ)も相手にしないんだぜ。やっぱりお前たちはだめだねえ。外の人とくらべることばかり考えているんじゃないか。僕はそこへ行くとさっき空で遭(あ)った鷹(たか)がすきだねえ。あいつは天気の悪い日なんか、ずいぶん意地の悪いこともあるけれども空をまっすぐに馳けてゆくから、僕はすきな

【19】蛇紋岩

蛇紋岩は蛇紋石からなる岩石である。又三郎は高洞山の蛇紋岩にぶつかったと言うが、現在の地質図では高洞山は古生代のチャートを含む泥岩地帯である。ただし、麓の数か所に小さな蛇紋岩の岩帯が分布する。また賢治が盛岡高等農林学校2年の時の地質調査実習で作成した盛岡付近の地質図では、高洞山を蛇紋岩帯としている。

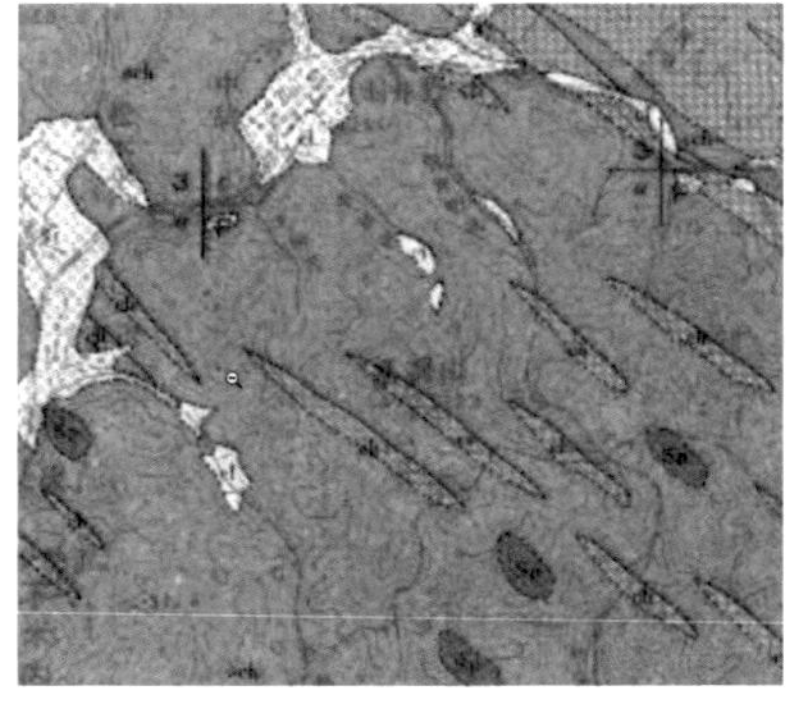

現在の地質図。中央が高洞山、楕円形の濃い緑色の部分（Sp）が蛇紋岩帯（国土交通省土地分類基本調査表層地質図「盛岡」昭和53年の一部）

んだ。銀色の羽をひらりひらりとさせながら、空の青光の中や空の影の中を、まっすぐにまっすぐに、まるでどこまで行くかわからない不思議な矢のように馳けて行くんだ。だからあいつは意地悪で、あまりいい気持はしないけれども、さっきも、よう、あんまり空の青い石を突っつかないでくれっ、て挨拶したんだ。するとあいつが云ったねえ、ふん、青い石に穴があいたら、お前にも向う世界を見物させてやろうって云うんだ。云うことはずいぶん生意気だけれども僕は悪い気がしなかったねえ。」

一郎がそこで云いました。

「又三郎さん。おらはお前をうらやましがったんでないよ、お前をほめたんだ。おらはいつでも先生から習っているんだ。本当に男らしいものは、自分の仕事を立派に仕上げることをよろこぶ。決して自分が出来ないからって人をねたんだり、出来たからって出来ない人を見くびったりさない。お前もそう怒らなくてもいい。」

又三郎もよろこんで笑いました。それから一寸立ち上ってきりきりっとかかとで一ぺんまわりました。そこでマントがギラギラ光り、ガラスの沓がカチッ、カチッとぶっつかって鳴ったようでした。又三郎はそれからまた座って云いました。

「そうだろう。だから僕は君たちもすきなんだよ。君たちばかりでない。子供はみんなすきなんだ。僕がいつでもあらんかぎり叫んで馳ける時、よろこんできゃっきゃっ云うのは子供ばかりだよ。一昨日だってそうさ。ひるすぎから俄かに僕たちがやり出したんだ。そして僕はある峠を通ったね。栗の木の青いいがを落したり、青葉までがりがりむしってやったね。その時峠の頂上を、雨の支度もしないで二人の兄弟が通るんだ、兄さんの方は丁度おまえくらいだったろうかね。」

　又三郎は一郎を尖った指で指しながらまた言葉を続けました。

「弟の方はまるで小さいんだ。その顔の赤い子よりもっと小さいんだ。その小さな子がね、まるでまっ青になってぶるぶるふるえているだろう。それは僕たちはいつでも人間の眼から火花を出せるんだ。僕の前に行ったやつがいたずらして、その兄弟の眼を横の方からひどく圧しつけて、とうとうパチパチ火花が発ったように思わせたんだ。そう見えるだけさ、本当は火花なんかないさ。それでもその小さな子は空が紫色(むらさきいろ)がかった白光(しろびかり)をしてパリパリパリパリと燃えて行くように思ったんだ。そしてもう天地がいまひっくりかえって焼けて、自分も兄さんもお母さんもみんなちりぢりに死んでしまうと思ったんだい。かあいそうに。そして兄さんにまるで石のように堅(かた)くなって抱(だ)きついていたね。ところがその大きな方の子はどうだい。小さな子を風のかげになるようにいたわってやりながら、自分はさも気持がいいというように、僕の方を向いて高く叫(さけ)んだんだ。そこで僕も少ししゃくにさわったから、一つ大あばれにあばれたんだ。豆つぶぐらいある石ころをばらばら吹きあげて、たたきつけてやったんだ。小さな子はもう本当に大声で泣いたねえ。それでも大きな子はやっぱり笑うのをやめなかったよ。けれどとうとうあんまり弟が泣くもんだから、自分も怖(こわ)くなったと見えて口がピクッと横の方へまがった、そこで僕は急に気の毒になって、丁度その時行く道がふさがったのを幸(さいわい)に、ぴたっとまるでしずかな湖のように静まってやった。それから兄弟と一緒に峠(とうげ)を下りながら横の方の草原から百合の匂を二人の方へもって行ってやったりした。

どうしたんだろう、急に向うが空いちまった。僕は向うへ行くんだ。さよなら。あしたもまた来てごらん。また遭えるかも知れないから。」

風の又三郎のすきとおるマントはひるがえり、たちまちその姿は見えなくなりました。みんなはいろいろ今のことを話し合いながら丘を下り、わかれてめいめいの家に帰りました。

九月四日

「【20】**サイクルホール**の話聞かせてやろうか。」

又三郎はみんなが丘の栗の木の下に着くやいなや、斯う云っていきなり形をあらわしました。けれどもみんなは、サイクルホールなんて何だか知りませんでしたから、だまっていましたら、又三郎はもどかしそうにまた言いました。

「サイクルホールの話、お前たちは聴きたくないかい。聴きたくな

【20】サイクルホール

反時計回りに回転する風が吹いている低気圧を指している。低気圧は周囲より中心の気圧が低いため、周囲から中心に向かって空気が吹き込むが、地球の自転の影響（【27】参照）でまっすぐ中心に吹くことができずに右にそれる。その結果、反時計回りに回りながら風が中心へ吹き込む形になる。

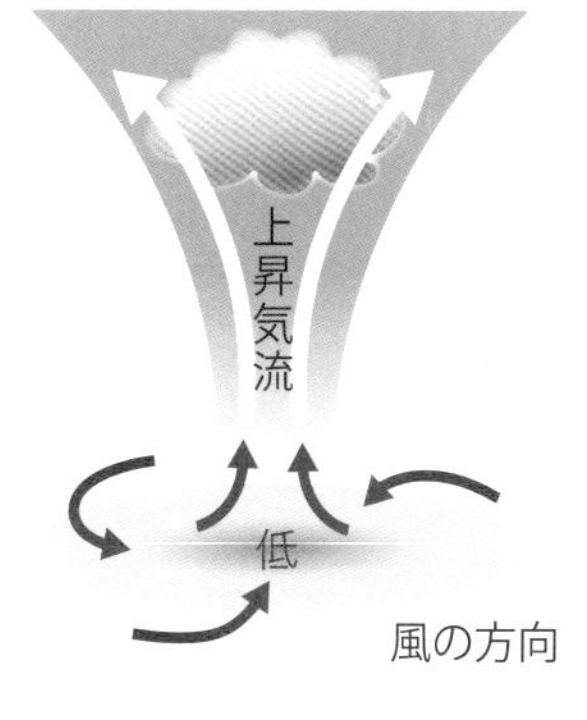

いなら早くはっきりそう云ったらいいじゃないか。僕行っちまうから。」

「聴きたい。」一郎はあわてて云いました。又三郎は少し機嫌を悪くしながらぼつりぼつり話しはじめました。

「サイクルホールは面白い。人間だってやるだろう。見たことはないかい。秋のお祭なんかにはよくそんな看板を見るんだがなあ、自転車ですりばちの形になった格子の中を馳けるんだよ。だんだん上にのぼって行って、とうとうそのすりばちのふちまで行った時、片手でハンドルを持ってハンケチなどを振るんだ。なかなかあれでひどいんだろう。ところが僕等がやるサイクルホールは、あんな小さなもんじゃない。尤も小さい時もあるにはあるよ。お前たちの[21]**かまいたち**っていうのは、サイクルホールの小さいのだよ。」

「ほ、おら、かまいたぢに足切られたぞ。」

　嘉助が叫びました。

「何だって足を切られた？　本当かい。どれ足を出してごらん。」

　又三郎はずいぶんいやな顔をしながら斯う言いました。嘉助はま

【21】かまいたち

寒い時期に、何かに当たったわけでもないのに鎌で切ったような切り傷ができる現象をいう。昔はイタチや妖怪、風神によるものと考えられていた。実際には冬季にミクロの旋風が吹き、真空状態になった渦の中心部分が体に触れて皮膚を傷つけると言われている。

っ赤になりながら足を出しました。又三郎はしばらくそれを見てから、

「ふうん。」

と医者のような物の言い方をしてそれから、

「一寸脈をお見せ。」

と言うのでした。嘉助は右手を出しましたが、その時の又三郎のまじめくさった顔といったら、とうとう一郎は噴き出しました。けれども又三郎は知らん振りをして、だまって嘉助の脈を見てそれから云いました。

「なるほどね、お前ならことによったら足を切られるかも知れない。この子はね、大へんからだの皮が薄いんだよ。それに無暗に心臓が強いんだ。腕を少し吸っても血が出るくらいなんだ。殊にその時足をすりむきでもしていたんだろう。かまいたちで切れるさ。」

「何して切れる。」一郎はたずねました。

「それはね、すりむいたとこから、もう血がでるばかりにでもなっているだろう。それを[22]空気が押して押さえてあるんだ。ところ

【22】空気が押して押さえて……すぐ血が出る

私たちの体は大気の底で生活しているため、体全体が常に大気の圧力（大気圧）に押されている。嘉助は怪我をして血が出そうになっていたところを大気圧で押さえられていたが、かまいたち（ミクロの旋風）の中心の真空に触れた際に大気圧の押さえがなくなり、出血してしまった。

がかまいたちのまん中では、わり合空気が押さないだろう。いきなりそんな足をかまいたちのまん中に入れると、すぐ血が出るさ。」

「切るのだないのか。」一郎がたずねました。

「切るのじゃないさ、血が出るだけさ。痛くなかったろう。」又三郎は嘉助に聴きました。

「痛くなかった。」嘉助はまだ顔を赤くしながら笑いました。

「ふん、そうだろう。痛いはずはないんだ。切れたんじゃないからね。そんな小さなサイクルホールなら僕たちたった一人でも出来る。くるくるまわって走りゃいいからね。そうすれば木の葉や何かマントにからまって、丁度うまい工合かまいたちになるんだ。ところが[23]**大きなサイクルホール**はとても一人じゃ出来あしない。小さいのなら十人ぐらい。大きなやつなら大人もはいって千人だってあるんだよ。[24]やる時は大抵ふたいろあるよ。日がかんかんどこか一とこに照る時か、また僕たちが上と下と反対にかける時ぶっつかってしまうことがあるんだ。そんな時とまあふたいろにきまっているねえ。あんまり大きなやつは、僕よく知らないんだ。[25]南の方の海

（気象庁HPより）

【23】大きなサイクルホール

大型の低気圧、つまり台風を指している。反時計回りに風が中心に向かって吹く。

【24】やる時は大抵ふたいろあるよ……ぶっつかってしまうことがあるんだ

上昇気流のサイクルホールが発生するきっかけは2つある。一つは地面の一部に太陽の光が当たって熱せられて、その上の空気も温度が上がり、軽くなって上

から起って、だんだんこっちにやってくる時、一寸僕等がはいるだけなんだ。ふうと馳けて行って十ぺんばかりまわったと思うと、もうずっと上の方へのぼって行って、みんなゆっくり歩きながら笑っているんだ。そんな大きなやつへうまくはいると、九州からこっちの方まで一ぺんに来ることも出来るんだ。けれどもまあ、大抵は途中で高いとこへ行っちまうね。だから大きなのはあんまり面白かあないんだ。十人ぐらいでやる時は一番愉快だよ。甲州ではじめた時なんかね。はじめ僕が八ヶ岳の麓の野原でやすんでたろう。曇った日でねえ、すると向うの低い野原だけ不思議に一日、日が照ってね、ちらちら[26]**かげろう**が上っていたんだ。それでも僕はまあやすんでいた。そして夕方になったんだ。するとあちこちから

『おいサイクルホールをやろうじゃないか。どうもやらなけぁ、いけない様だよ。』ってみんなの云うのが聞えたんだ。

『やろう』僕はたち上って叫んだねえ、

『やろう』『やろう』声があっちこっちから聞えたね。

『いいかい、じゃ行くよ。』僕はその平地をめがけてピーッと飛ん

昇気流を作る。もう一つは、上空に冷たい空気が来ると下層の暖かい空気と入れ替わろうとして対流が起き、上昇気流となる。

【25】南の方の海から……一ぺんに来ることも出来るんだ

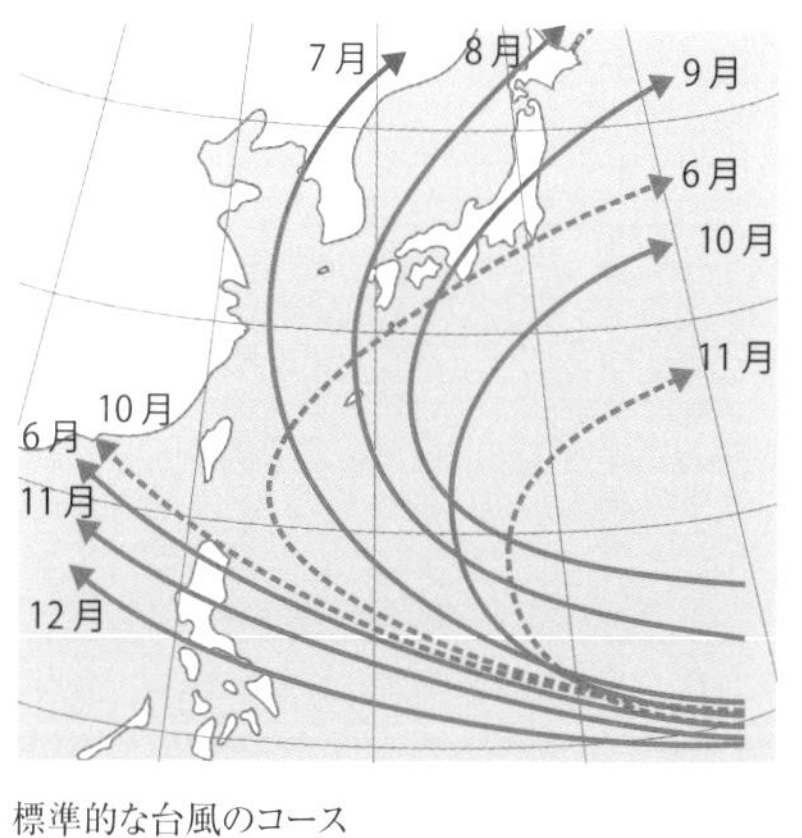

標準的な台風のコース

南方の海上でできた熱帯低気圧が発達して台風になる。日本付近にやってくる頃には大型化して回転も速いため、巻き込まれると一気に上まで上がってしまう。

で行った。【27】するといつでもそうなんだが、まっすぐに平地に行かさらないんだ。急げば急ぐほど右へまがるよ、尤もそれでサイクルホールになるんだよ。さあ、みんながつづいたらしいんだ。僕はもうまるで、汽車よりも早くなっていた。下に富士川の白い帯を見てかけて行った。けれども間もなく、僕はずっと高いところにのぼって、しずかに歩いていたねえ。サイクルホールはだんだん向うへ移って行って、だんだんみんなもはいって行って、ずいぶん大きな音をたてながら、東京の方へ行ったんだ。きっと東京でもいろいろ面白いことをやったねえ。それから海へ行ったろう。海へ行ってこんどは【28】**竜巻**をやったにちがいないんだ。竜巻はねえ、ずいぶん凄いよ。海のには僕はいったことはないんだけれど、小さいのを沼でやったことがあるよ。丁度お前達の方のご維新前ね、日詰の近くに源五沼という沼があったんだ。そのすぐ隣りの草はらで、僕等は五人でサイクルホールをやった。ぐるぐるひどくまわっていたら、まるで木も折れるくらい烈しくなってしまった。丁度雨も降るばかりのところだった。一人の僕の友だちがね、沼を通る時、とうとう

また台風が九州にまで来ると、偏西風に乗って日本列島沿いに一気に北東方向へ移動するということも話している。

【26】かげろう

地面が太陽の光などで熱せられると、地表付近の空気が上昇し始める。その密度の異なる大気の中を光が通ると、光が屈折してゆらめいて見える。この現象を陽炎（かげろう）という。

【27】するといつでもそうなんだが……尤もそれでサイクルホールになるんだよ

又三郎が風を吹かせようとして移動すると必ず右にそれてしまうのは、地球が自転しているために「コリオリの力」が働くからである。北半球では地表付近で移動するものはどれも、自転の影響を受けて右に逸れるように移動する。

機(はず)みで水を掬(すく)っちゃったんだ。さあ僕等はもう黒雲の中に突き入ってまわって馳(か)けたねえ、水が丁度漏斗(じょうご)の尻(しり)のようになって来るんだ。下から見たら本当にこわかったろう。

『ああ竜(りゅう)だ、竜だ。』みんなは叫んだよ。実際下から見たら、さっきの水はぎらぎら白く光って黒雲の中にはいって、竜のしっぽのように見えたかも知れない。その時友だちがまわるのをやめたもんだから、水はざあっと一ぺんに日詰の町に落ちかかったんだ。その時は僕はもうまわるのをやめて、少し下に降りて見ていたがね、[29]さっきの水の中にいた鮒(ふな)やなまずが、ばらばらと往来や屋根に降っていたんだ。みんなは外へ出て恭恭(うやうや)しく僕等の方を拝んだり、降って来た魚を押し戴(いただ)いていたよ。僕等は竜じゃないんだけれども拝まれるとやっぱりうれしいからね、友だち同志ににこにこしながらゆっくりゆっくり北の方へ走って行ったんだ。まったくサイクルホールは面白いよ。

それから[30]**逆サイクルホール**というのもあるよ。これは高いところから、さっきの逆にまわって下りてくることなんだ。この時な

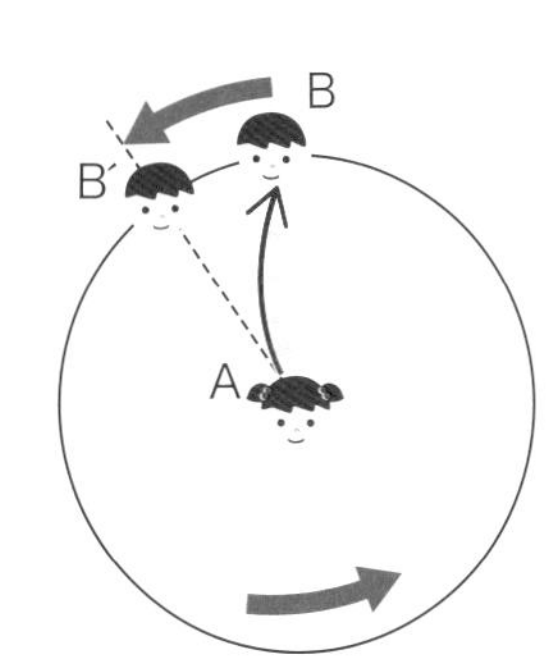

左回りに回転している床の中心Aから、周縁にいるBに向かってボールを投げると、Bは床の回転によってボールが届くまでにB' に移動してしまい、Aから見るとボールが右に逸れたように見える

【28】竜巻
竜巻は、積乱雲の下で発生し、地上から回転しながら上昇する細い漏斗状の風。台風より規模は小さく寿命も短いが、風速が大きいため大きな被害をもたらす。

【29】さっき水の中にいた鮒……屋根に降っていた
竜巻で海水や湖水が吸い上げられ、巻き込まれた魚が竜巻の移動先で降ってくることがある。

らば、そんなに急なことはない。[31]冬は僕等は大抵シベリヤに行ってそれをやったり、そっちからこっちに走って来たりするんだ。僕たちがこれをやってる間はよく晴れるんだ。冬ならば咽喉を痛くするものがたくさん出来る。けれどもそれは僕等の知ったことじゃない。それから[32]五月か六月には、南の方では、大抵支那［中国の古称］の揚子江の野原で大きなサイクルホールがあるんだよ。その時丁度北のタスカロラ海床の上では、別に大きな逆サイクルホールがある。両方だんだんぶっつかるとそこが梅雨になるんだ。日本が丁度それにあたるんだからね、仕方がないや。けれども[33]お前達のところは割合北から西へ外れてるから、梅雨らしいことはあんまりないだろう。あんまりサイクルホールの話をしたから何だか頭がぐるぐるしちゃった。もうさよなら。僕はどこへも行かないんだけれど少し睡りたいんだ。さよなら。」

又三郎のマントがぎらっと光ったと思うと、もうその姿は消えて、みんなは、はじめてほうと息をつきました。それからいろいろいまのことを話しながら、丘を下って銘銘わかれておうちへ帰って行っ

【30】逆サイクルホール

サイクルホール（低気圧）と逆回転の風が吹くところであるから、高気圧のこと。上空の冷えた空気が下降気流となって地表に向かって降りてくる動きで、低気圧とは逆に時計回りに空気を噴き出していく。

【31】冬は僕等は大抵シベリヤに行って……咽喉を痛くする

冬季にはシベリアで高気圧が発達する。いわゆるシベリア気団である。この高気圧から噴き出した冷たい風が北西風として日本に吹きつける。大陸性で比較的乾燥しているため、咽喉を痛めるのである。また、高気圧では下降気流が起きている

たのです。

九月五日

「僕は上海だって何べんも知ってるよ。」みんなが丘へのぼったとき又三郎がいきなりマントをぎらっとさせてそこらの草へ橙や青の光を落しながら出て来てそれから指をひろげてみんなの前に突き出して云いました。

「上海と東京は僕たちの仲間なら誰でもみんな通りたがるんだ。どうしてか知ってるかい。」

又三郎はまっ黒な眼を少し意地わるそうにくりくりさせながらみんなを見まわしました。けれども上海と東京ということは一郎も誰も何のことかわかりませんでしたからお互しばらく顔を見合せてだまっていましたら又三郎がもう大得意でにやにや笑いながら言ったのです。

「僕たちの仲間はみんな上海と東京を通りたがるよ。どうしてって

ため、雲ができず、できていても消えてしまうので天気が良い。

【32】五月か六月には、南の方では……梅雨になる

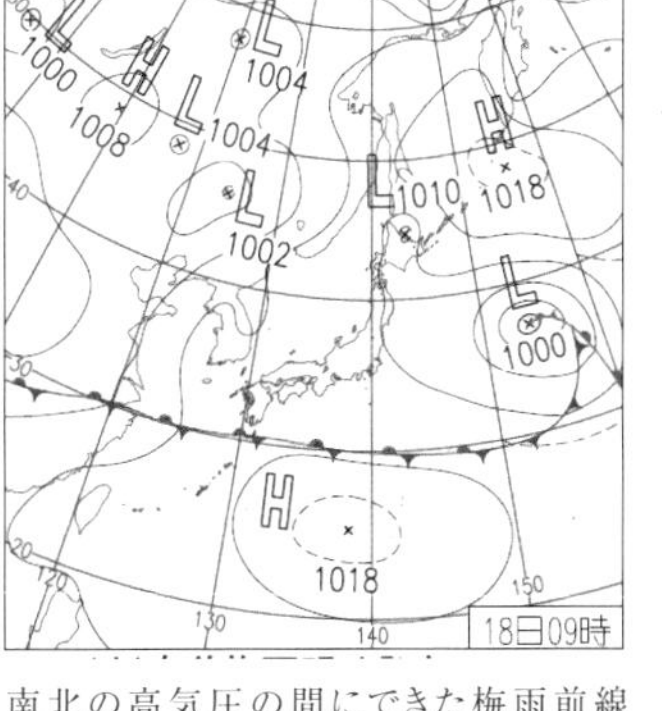

南北の高気圧の間にできた梅雨前線（2016年6月18日の天気図、気象庁ホームページより）

毎年5～6月には、中国南部に発生した前線を伴う低気圧（サイクルホール）が日本に移動してきて、南の太平洋高気圧とタスカロラ海淵の上、つまりオホーツク海上にできるオホーツク海高気圧（逆サイクルホール）との間に入ると低気圧を伴う停滞前線になる。これが梅雨前線である。

東京には【34】日本の中央気象台があるし上海(シャンハイ)には支那(しな)の【35】中華(ちゅうか)大気象台があるだろう。どっちだって偉(えら)い人がたくさん居るんだ。本当は気象台の上をかけるときは僕たちはみんな急ぎたがるんだ。どうしてって【36】風力計がくるくるくるくる廻(まわ)っていて【37】僕たちのレコードはちゃんと下の機械に出て新聞にも載(の)るんだろう。誰(だれ)だっていいレコードを作りたいからそれはどうしても急ぐんだよ。けれども僕たちの方のきめでは気象台や測候所の近くへ来たからって俄(にわか)に急いだりすることは大へん卑怯(ひきょう)なことにされてあるんだ。お前たちだってきっとそうだろう、試験の時ばかりむやみに勉強したりするのはいけないことになってるだろう。だから僕たちも急ぎたくたってわざと急がないんだ。そのかわりほんとうに一生けん命かけてる最中に気象台へ通りかかるときはうれしいねえ、風力計をまるでのぼせるくらいにまわしてピーッとかけぬけるだろう、胸もすっとなるんだ。面白(おもしろ)かったねえ、一昨年だったけれど六月ころ僕丁度上海に居たんだ。【38】昼の間には海から陸へ移って行き夜には陸から海へ行ってたねえ、大抵朝は十時頃(ごろ)海から陸の方へかけぬけるようにな

【33】お前達のところは割合北から西へ外れてるから、梅雨らしいことはあんまりない

梅雨前線は東西方向に延びるため、日本列島の形から考えると九州から関東にかけての範囲にかかりやすい。そこから外れている東北地方や北海道では梅雨前線の影響は少ないといえる。

【34】日本の中央気象台

1887年（明治20）東京気象台が中央気象台に改称し、さらに1956年（昭和31）に現在の気象庁という名称になった。賢治の時代は中央気象台と呼ばれていた。

中央気象台（1930年、気象庁HPより）

っていたんだがそのときはいつでも、うまい工合に気象台を通るようになるんだ。すると気象台の風力計や［39］風信器や置いてある屋根の上のやぐらにいつでも一人の支那人の理学博士と子供の助手とが立っているんだ。

　博士はだまっていたが子供の助手はいつでも何か言っているんだ。そいつは頭をくりくりの芥子坊主にしてね、着物だって袖の広い支那服だろう、沓もはいてるねえ、大へんかあいらしいんだよ、一番はじめの日僕がそこを通ったら斯う言っていた。

『これはきっと［40］颶風ですね。ずぶんひどい風ですね。』

すると支那人の博士が葉巻をくわえたままふんふん笑って

『家が飛ばないいじゃないか。』

と云うと子供の助手はまるで口を尖らせて、

『だって向うの三角旗や何かぱたぱた云ってます。』というんだ。

博士は笑って相手にしないで壇を下りて行くねえ、子供の助手は少し悄気ながら手を拱いてあとから恭々しくついて行く。

　僕はそのとき二・五米というレコードを風力計にのこして笑って

【35】中華大気象台
1900年頃に上海にあった気象観測施設をモデルにしていると思われる。当時の上海はイギリス、アメリカ、フランスが租界（外国人居留地）を開いていた。1923年には日華連絡船が新設され、長崎から週2回定期便が運行し、共同租界の日本人街には多くの日本人が生活していた。外に開かれた港町・上海は当時の最先端の建築物が存在していた。

【36】風力計
風速を測定する観測器具。当時のものは回転軸の周りに半球の椀が3個～4個ついていて、風を受けて軸を回転させ、その回転数によって風力を測定するタイプである。現在ではそれに加えてプロペラ式や超音波式のものもある。

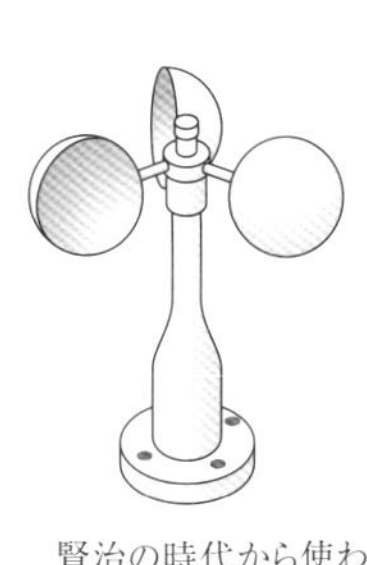

賢治の時代から使われていたタイプの風力計

行ってしまったんだ。

次の日も九時頃僕は【41】**海の霧**の中で眼がさめてそれから霧がだんだん融けて空が青くなりお日さまが黄金のばらのようにかがやき出したころそろそろ陸の方へ向ったんだ。これは仕方ないんだよ、【42】お日さんさえ出たらきっともう僕たちは陸の方へ行かなきゃならないようになるんだ、僕はだんだん岸へよって鴎が白い蓮華の花のように波に浮んでいるのも見たし、また沢山のジャンクの黄いろの帆や白く塗られた蒸気船の舷を通ったりなんかして昨日の気象台に通りかかると僕はもう遠くからあの風力計のくるくるくるくる廻るのを見て胸が踊るんだ。すっとかけぬけただろう。レコードが一秒五米と出たねえ、そのとき下を見ると昨日の博士と子供の助手とが今日も出て居て子供の助手がやっぱり云っているんだ。

『この風はたしかに颶風ですね。』

支那人の博士はやっぱりわらって気がないように、

『瓦も石も舞い上らんじゃないか。』と答えながらもう壇を下りかかるんだ。子供の助手はまるで一生けん命になって

【37】僕たちのレコードは……どうしても急ぐんだよ
風を受けて風速計が回ると機械がその回転数から風速を表示する。風速データは新聞に掲載されるので、より速い記録が出るように又三郎たちは頑張っている。

【38】昼の間には海から陸へ移って行き夜には陸から海へ行ってたねえ

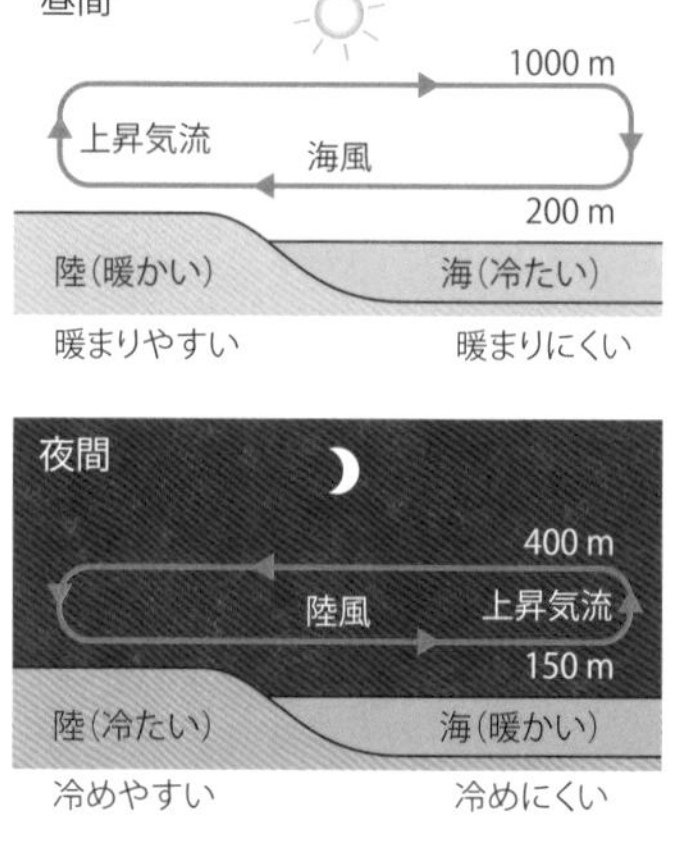

昼間は陸の方が海より温度が上がるため上昇気流ができ、空いた地表付近に海から空気が移動してくる。これが海風であ

『だって木の枝が動いてますよ。』と云うんだ。それでも博士はまるで相手にしないねえ、僕もその時はもう気象台をずうっとはなれてしまってあとどうなったか知らない。

そしてその日はずうっと西の方の瀬戸物の塔のあるあたりまで行ってぶらぶらし、その晩十七夜のお月さまの出るころ海へ戻って睡ったんだ。

ところがその次の日もなんだ。その次の日僕がまた海からやって来てほくほくしながらもう大分の早足で気象台を通りかかったらやっぱり博士と助手が二人出ていた。

『こいつはもう本とうの【43】**暴風**ですね、』またあの子供の助手が尤らしい顔つきで腕を拱いてそう云っているだろう。博士はやっぱり鼻であしらうといった風で

『だって木が根こぎ［根こそぎ］にならんじゃないか。』と云うんだ。子供はまるで顔をまっ赤にして

『それでもどの木もみんなぐらぐらしてますよ。』と云うんだ。その時僕はもうあとを見なかった。なぜってその日のレコードは八米

る。夜はその逆で、海の方が陸より温度が上がるため海上で上昇気流ができ、陸から空気が動いて陸風が吹く。

【39】風信器
風向計のこと。矢羽根がありその指す方向で風向がわかるようにした観測器具。1950年以前は風信器と呼ばれていた。

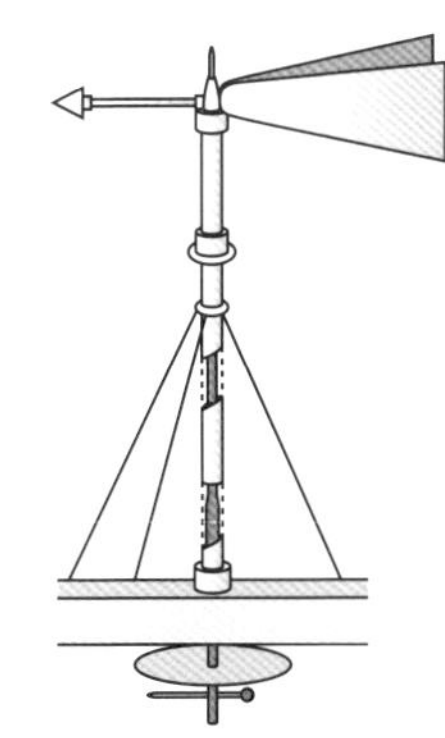

【40】颶風（ぐふう）
風の強さを表す気象用語。風の強さは12段階に区別されていてそれぞれに対応する名称がある。颶風は風力12、風速32・7m／秒以上の風をいう。

だからね、そんなに気象台の所にばかり永くとまっているわけには行かなかったんだ。そしてその次の日だよ、やっぱり僕は海へ帰っていたんだ。そして丁度八時ころから雲も一ぱいにやって来て波も高かった。僕はこの時はもう両手をひろげ叫び声をあげて気象台を通った。やっぱり二人とも出ていたねえ、子供は高い処なもんだからもうぶるぶる顫えて手すりにとりついているんだ。雨も幾つぶか落ちたよ。そんなにこわそうにしながらまた斯う云っているんだ。

『これは本当の暴風ですね、林ががあがあ云ってますよ、枝も折れてますよ。』

ところが博士は落ちついてからだを少しまげながら海の方へ手をかざして云ったねえ

『うん、けれどもまだ暴風というわけじゃないな。もう降りよう。』

僕はその語をきれぎれに聴きながらそこをはなれたんだそれからもうかけてかけて林を通るときは木をみんな狂人のようにゆすぶらせ丘を通るときは草も花もめっちゃめちゃにたたきつけたんだ、そしてその夕方までに上海から八十里も南西の方の山の中に行ったん

【41】海の霧
暖かく湿度の高い空気が冷たい海面上を移動すると、冷やされた空気中の水分が飽和状態になり、海面付近から霧が発生する。夏に東北の太平洋岸〜北海道にかけて発生しやすい。海面とその上の空気との温度差がなくなると、霧が晴れて青空が見えてくる。

【42】お日さんさえ出たらきっともう僕たちは陸の方へ行かなきゃならない
【38】で説明したように、昼間は陸で上昇気流ができるため、空いたところへ海から空気が移動する（海風）。

【43】暴風
風の強さを表す気象用語。12段階に区分されているうちの10〜11段階目で、風力10〜11、風速24・5〜28・4m／秒ないし28・5〜32・6m／秒である。

だ。そして少し疲れたのでみんなとわかれてやすんでいたらその晩また僕たちは上海から北の方の海へ抜けて今度はもうまっすぐにこっちの方までやって来るということになったんだ。【44】そいつは低気圧だよ、あいつに従いて行くことになったんだ。さあ僕はその晩中あしたもう一ぺん上海の気象台を通りたいといくら考えたか知れやしない。ところがうまいこと通ったんだ。そして僕は遠くから風力計の椀がまるで眼にも見えない位速くまわっているのを見、またあの支那人の博士が黄いろなレーンコートを着子供の助手が黒い合羽を着てやぐらの上に立って一生けん命空を見あげているのを見た。さあ僕はもう笛のように鳴りいなずまのように飛んで『今日は暴風ですよ、そら、暴風ですよ。今日は。さよなら。』と叫びながら通ったんだ。もう子供の助手が何を云ったかただその小さな口がぴくっとまがったのを見ただけ少しも僕にはわからなかった。

　そうだ、そのときは僕は海をぐんぐんわたってこっちへ来たけれども来る途中でだんだんかけるのをやめてそれから丁度五日目にこ

【44】そいつは低気圧だよ、あいつに従いて行くことになったんだ

日本の南西海上にできた低気圧の反時計回りの風に入って、日本列島に沿うように北東方向に進み、東北にやってきたことを言っている。台風をはじめ、日本付近を通過する低気圧はこのような進路で進むことが多い。

【45】水沢の臨時緯度観測所

世界共同での緯度観測のために、岩手県水沢市（現在の奥州市）に1899年に設置された施設。地球の回転運動の乱れを調査すべく国際測地学協会が緯度39度9分上の世界6か所に設置した緯度観測所の一つ。当初は数年で事業が終わると思われていたので臨時とされていたが、調査は長期化し1920年に「臨時」という名称はなくなった。賢治は何度もこの観測所を訪問している。現在は国立天文台水沢キャンパスとなっている。

こも通ったよ。その前の日はあの【45】**水沢の臨時緯度観測所**も通った。あすこは僕たちの日本では東京の次に通りたがる所なんだよ。なぜって【46】あすこを通るとレコードでも何でもみな外国の方まで知れるようになることがあるからなんだ。あすこを通った日は丁度お天気だったけれど、そうそう、その時は丁度日本では【47】**入梅**だったんだ、僕は観測所へ来てしばらくある建物の屋根の上にやすんでいたねえ、やすんで居たって本当は少しとろとろ睡ったんだ。すると俄かに下で

『大丈夫です、すっかり乾きましたから。』と云う声がするんだろう。見ると【48】**木村博士**と気象の方の技手とがラケットをさげて出て来ていたんだ。木村博士は瘠せて眼のキョロキョロした人だけれども僕はまあ好きだねえ、それに非常にテニスがうまいんだよ。僕はしばらく見てたねえ、どうしてもその技手の人はかなわない、まるっきり汗だらけになってよろよろしているんだ。あんまり僕も気の毒になったから屋根の上からじっとボールの往来をにらめてすきを見て置いてねえ、【49】丁度博士がサーヴをつかったときふうっと

【46】あすこを通るとレコードでも何でもみな外国の方まで知れるようになる

水沢臨時緯度観測所からは、緯度観測と同時に気象記録も国際共同事業としてデータが世界に発信された。

旧水沢臨時緯度観測所庁舎。現在の木村栄記念館

【47】入梅

梅雨前線ができ梅雨の時期に入ったことを指す言葉。

飛び出して行って球を横の方へ外(そ)らしてしまったんだ。博士はすぐもう一つの球を打ちこんだねえ。そいつは僕は途中に居て途方もなく遠くへけとばしてやった。

『こんな筈(はず)はないぞ。』と博士は云ったねえ、僕はもう博士にこれ位云わせれば沢山だと思って観測所をはなれて次の日丁度ここへ来たんだよ。ところでね、僕は少し向うへ行かなくちゃいけないから今日はこれでお別れしよう。さよなら。」

又三郎はすっと見えなくなってしまいました。

みんなは今日は又三郎ばかりあんまり勝手なことを云ってあんまり勝手に行ってしまったりするもんですから少し変な気もしましたが一所に丘を降りて帰りました。

九月六日

一昨日(おととい)からだんだん曇って来たそらはとうとうその朝は【50】**低い雨雲**を下してまるで冬にでも降るようなまっすぐなしずかな雨がや

【48】木村博士

木村博士の胸像

水沢臨時緯度観測所の初代所長、木村栄博士。木村博士は最初の緯度観測で他国5か国のデータと異なっていたため評価が低かったが、その誤差の原因を突き止め、国際的に高い評価を得るようになった。

【49】丁度博士がサーヴをつかったとき……途方もなく遠くへけとばしてやった

木村博士はテニスが上手であったので、又三郎は意地悪をして風でボールを遠くへ飛ばしてしまった。もちろん木村博士

っと穂を出した草や青い木の葉にそそぎました。

みんなは傘をさしたり小さな簑からすきとおるつめたい雫をぽたぽた落したりして学校に来ました。

雨はたびたび霽れて雲も白く光りましたけれども今日は誰もあんまり教室の窓からあの丘の栗の木の処を見ませんでした。又三郎などもはじめこそはほんとうにめずらしく奇体だったのですがだんだんなれて見ると割合ありふれたことになってしまってまるで東京からふいに田舎の学校へ移って来た友だちぐらいにしか思われなくなって来たのです。

おひるすぎ授業が済んでからはもう雨はすっかり晴れて小さな蝉などもカンカン鳴きはじめたりしましたけれども誰も今日はあの栗の木の処へ行こうとも云わず一郎も耕一も学校の門の処で「あばえ。」と言ったきり別れてしまいました。

耕一の家は学校から川添いに十五町ばかり溯った処にありました。耕一の方から来ている子供では一年生の生徒が二人ありましたけれどもそれはもう午前中に帰ってしまっていましたし耕一はかば

は又三郎の仕業とはわかっていない。テニスコートは現在も奥州宇宙遊学館（旧水沢臨時緯度観測所本館）の裏にある。

【50】低い雨雲

雲の形には10種類あり十種雲型と呼ばれる。その中の一つが中～下層にできる乱層雲、いわゆる雨雲である。

【51】湧水

山の崖や谷間の岩の間から水が湧き出していることがある。雨が降ると地下水が多くなり、それが割れ目などから地表に流れ出す。雨がなくても常時、湧水が出続けるところもある。

んと傘を持ってひとりみちを川上の方へ帰って行きました。みちは岩の崖になった処の中ごろを通るのでずいぶん度々山の窪みや谷に添ってまわらなければなりませんでした。ところどころには〔51〕湧水もあり、またみちの砂だってまっ白で平らでしたから耕一は今日も足駄をぬいで傘と一緒にもって歩いて行きました。

まがり角を二つまわってもう学校も見えなくなり前にもうしろにも人は一人も居ず谷の水だけ崖の下で少し濁ってごうごう鳴るだけ大へんさびしくなりましたので耕一は口笛を吹きながら少し早足に歩きました。

ところが路の一とこに崖からからだをつき出すようにした楢や樺の木が路に被さったとこがありました。耕一が何気なくその下を通りましたら俄かに木がぐらっとゆれてつめたい雫が一ぺんにざっと落ちて来ました。耕一は肩からせなかから水へ入ったようになりました。それほどひどく落ちて来たのです。

耕一はその梢をちょっと見あげて少し顔を赤くして笑いながら行き過ぎました。

ところが次の木のトンネルを通るときまたざっとその雫が落ちて来たのです。今度はもうすっかりからだまで水がしみる位にぬれました。耕一はぎょっとしましたけれどもやっぱり口笛を吹いて歩いて行きました。

ところが間もなくまた木のかぶさった処を通るようになりました。それは大へんに今までとはちがって長かったのです。耕一は通る前に一ぺんその青い枝を見あげました。雫は一ぱいにたまって全く今にも落ちそうには見えましたしおまけに二度あることは三度あるとも云うのでしたから少し立ちどまって考えて見ましたけれどもまさか三度が三度とも丁度下を通るときそれが落ちて来るということはないと思って少しびくびくしながらその下を急いで通って行きました。そしたらやっぱり、今度もざあっと雫が落ちて来たのです。耕一はもう少し口がまがって泣くようになって上を見あげました。けれども何とも仕方ありませんでしたから冷たさに一ぺんぶるっとしながらもう少し行きました。するとまたざあと来たのです。

「誰だ。誰だ。」耕一はもうきっと誰かのいたずらだと思ってしばらく上をにらんでいましたがしんとして何の返事もなくただ下の方で川がごうごう鳴るばかりでした。そこで耕一は今度は傘をさして行こうと思って足駄を下におろして傘を開きました。そしたら俄にどうっと風がやって来て傘はぱっと開きあぶなく吹き飛ばされそうになりました、耕一はよろよろしながらしっかり柄をつかまえていましたらとうとう傘はがりがり風にこわされて開いた蕈のような形になりました。

耕一はとうとう泣き出してしまいました。

すると丁度それと一緒に向うではあはあ笑う声がしたのです。びっくりしてそちらを見ましたらそいつは、そいつは風の又三郎でした。ガラスのマントも雫でいっぱい髪の毛もぬれて束になり赤い顔からは湯気さえ立てながらはあはあはあはあふいごのように笑っていました。

耕一はあたりがきぃんと鳴るように思ったくらい怒ってしまいました。

「何為ぁ、ひとの傘ぶっか［壊］して。」

又三郎はいよいよひどく笑ってまるでそこら中ころげるようにしました。

耕一はもうこらえ切れなくなって持っていた傘をいきなり又三郎に投げつけてそれから泣きながら組み付いて行きました。

すると又三郎はすばやくガラスマントをひろげて飛びあがってしまいました。もうどこへ行ったか見えないのです。

耕一はまだ泣いてそらを見上げました。そしてしばらく口惜(くや)しさにしくしく泣いていましたがやっとあきらめてその壊(こわ)れた傘も持たずうちへ帰ってしまいました。そして縁側(えんがわ)から入ろうとしてふと見ましたらさっきの傘がひろげて干してあるのです。照井耕一という名もちゃんと書いてありましたし、さっきはなれた処(ところ)もすっかりくっつきされた糸も外(ほか)の糸でつないでありました。耕一は縁側に座りながらとうとう笑い出してしまったのです。

九月七日

次の日は雨もすっかり霽れました。日曜日でしたから誰も学校に出ませんでした。ただ耕一は昨日又三郎にあんなひどい悪戯をされましたのでどうしても今日は遭ってうんとひどくいじめてやらなければと思って自分一人でもこわかったもんですから一郎をさそって朝の八時頃からあの草山の栗の木の下に行って待っていました。

　すると又三郎の方でもどう云うつもりか大へんに早く丁度九時ころ、丘の横の方から何か非常に考え込んだような風をして鼠いろのマントをうしろへはねて腕組みをして二人の方へやって来たのでした。さあ、しっかり談判しなくちゃいけないと考えて耕一はどきっとしました。又三郎はたしかに二人の居たのも知っていたようでしたが、わざといかにも考え込んでいるという風で二人の前を知らないふりして通って行こうとしました。

「又三郎、うわぁい。」耕一はいきなりどなりました。又三郎はぎょっとしたようにふり向いて、

「おや、お早う。もう来ていたのかい。どうして今日はこんなに早いんだい。」とたずねました。

「日曜でさ。」一郎が云いました。

「ああ、今日は日曜だったんだね、僕すっかり忘れていた。そうだ八月三十一日が日曜だったからね、七日目で今日が又日曜なんだね。」

「うん。」一郎はこたえましたが耕一はぷりぷり怒っていました。又三郎が昨日のことなど一言も云わずあんまりそらぞらしいもんですからそれに耕一に何も云われないようにまた日曜のことなどばかり云うもんですからじっさいしゃくにさわったのです。そこでとうとういきなり叫びました。

「うわぁい、又三郎、汝などぁ、世界に無くてもいいな。うわぁい。」

すると又三郎はずるそうに笑いました。

「やあ、耕一君、お早う。昨日はずいぶん失敬したね。」

耕一は何かもっと別のことを言おうと思いましたがあんまり怒ってしまって考え出すことができませんでしたのでまた同じように叫びました。

「うわぁい、うわぁいだが、又三郎、うななどぁ世界中に無くてもいいな、うわぁい。」

「昨日は実際失敬したよ。僕雨が降ってあんまり気持ちが悪かったもんだからね。」

又三郎は少し眼（め）をパチパチさせて気の毒そうに云いましたけれども耕一の怒りは仲々解けませんでした。そして三度同じことを繰り返したのです。

「うわぁい、うなどぁ、無くてもいいな。うわぁい。」

すると又三郎は少し面白（おもしろ）くなったようでした。いつもの通りずるそうに笑って斯（こ）う訊（たず）ねました。

「僕たちが世界中になくてもいいってどう云うんだい。箇条（かじょう）を立てて云ってごらん。そら。」

耕一は試験のようだしつまらないことになったと思って大へん口惜しかったのですが仕方なくしばらく考えてから答えました。

「汝などぁ悪戯（いたずら）ばりさな。傘ぶっ壊（か）したり。」

「それから？　それから？」又三郎は面白そうに一足進んで云いました。

「それがら、樹（き）折ったり転覆（おっけあ）したりさな。」

「それから？　それから、どうだい。」

「それがら、稲も倒さな。」

「それから？　あとはどうだい。」

「家もぶっ壊さな。」

「それから？　それから？　あとはどうだい。」

「砂も飛ばさな。」

「それから？　あとは？　それから？　あとはどうだい。」

「シャッポも飛ばさな。」

「それから？　それから？　あとは？　あとはどうだい。」

「それがら、うう、電信ばしらも倒さな。」

「それから？　それから？　それから？」

「それがら、塔も倒さな。」

「アアハハハ、塔は家のうちだい、どうだいまだあるかい。それから？　それから？」

「それがら、うう、それがら、」耕一はつまってしまいました。大抵もう云ってしまったのですからいくら考えてももう出ませんでした。

又三郎はいよいよ面白そうに指を一本立てながら
「それから？　それから？　ええ？　それから。」と云うのでした。

耕一は顔を赤くしてしばらく考えてからやっと答えました。

「それがら、風車もぶっ壊さな。」

すると又三郎は今度こそはまるで飛びあがって笑ってしまいました。笑って笑って笑いました。マントも一緒にひらひら波を立てました。

「そうらごらん、とうとう風車などを云っちゃった。風車なら僕を悪く思っちゃいないんだよ。勿論時々壊すこともあるけれども廻してやるときの方がずうっと多いんだ。風車ならちっとも僕を悪く思っちゃいないんだ。うそと思ったら聴いてごらん。お前たちはまるで勝手だねえ、僕たちがちっとばっかしいたずらすることは大業に悪口を云っていいとこはちっとも見ないんだ。それに第一お前のさっきからの数えようがあんまりおかしいや。うう、ううてばかりいたんだろう。おしまいはとうとう風車なんか数えちゃった。ああおかしい。」

又三郎はまた泪の出るほど笑いました。

耕一もさっきからあんまり困ったために怒っていたのもだんだん忘れて来ました。そしてつい又三郎と一所にわらいだしてしまったのです。さあ又三郎のよろこんだこと俄かにしゃべりはじめました。

「ね、そら、僕たちのやるいたずらで一番ひどいことは日本ならば稲を倒すことだよ、二百十日から二百二十日ころまで、昔はその頃ほんとうに僕たちはこわがられたよ。なぜってその頃は丁度稲に花のかかるときだろう。その時僕たちにかけられたら花がみんな散ってしまってまるで実にならないだろう、だから前は本当にこわがったんだ、【52】僕たちだってわざとするんじゃない、どうしてもその頃かけなくちゃいかないからかけるんだ、もう三、四日たてばきっとまたそうなるよ。けれどもいまはもう農業が進んでお前たちの家の近くなどでは二百十日のころになど花の咲いている稲なんか一本もないだろう、大抵もう柔らかな実になってるんだ。早い稲はもうよほど硬くさえなってるよ、僕らがかけあるいて少し位倒れたって

【52】僕たちだってわざとするんじゃない、どうしてもその頃かけなくちゃいかないからかけるんだ
9月1～10日頃は、夏に張り出していた太平洋高気圧の勢力が次第に弱まり、大陸から移動性高気圧と低気圧が入れ替わりにやってくる季節の変わり目である。そのため、強い風が吹いたり台風が発生しやすいのは仕方のないことである。

そんなにひどくとりいれが減りはしないんだ。だから結局何でもないさ。それからも一つは木を倒すことだよ。家を倒すなんてそんなことはほんの少しだからね、木を倒すことだよ、これだって悪戯じゃないんだよ。倒れないようにして置きゃいいんだ。葉の潤い樹なら丈夫だよ。僕たちが少しぐらいひどくぶっつかっても仲々倒れやしない。それに林の樹が倒れるなんかそれは林の持主が悪いんだよ。林を伐るときはね、よく一年中の強い風向を考えてその風下の方からだんだん伐って行くんだよ。林の外側の木は強いけれども中の方の木はせいばかり高くて弱いからよくそんなことも気をつけなきゃいけないんだ。だからまず僕たちのこと悪く云う前によく自分の方に気をつけりゃいいんだよ。海岸ではね、僕たちが波のしぶきを運んで行くとすぐ枯れるやつも枯れないやつもあるよ。苹果や梨やまるめろ[セイヨウカリン]や胡瓜はだめだ、すぐ枯れる、稲や薄荷やだいこんなどはなかなか強い、牧草なども強いねえ。」

又三郎はちょっと話をやめました。耕一もすっかり機嫌を直して云いました。

「又三郎、おれぁあんまり怒（ごしゃ）で悪がた。許せな。」

　すると又三郎はすっかり悦（よろこ）びました。

「ああありがとう、お前はほんとうにさっぱりしていい子供だねえ、だから僕はおまえはすきだよ、すきだから昨日もいたずらしたんだ、【53】僕だっていたずらはするけれど、いいことはもっと沢山（たくさん）するんだよ、そら数えてごらん、僕は松の花でも楊（やなぎ）の花でも草棉（くさわた）の毛でも運んで行くだろう。稲の花粉（かふん）だってやっぱり僕らが運ぶんだよ。それから僕が通ると草木はみんな丈夫になるよ。悪い空気も持って行っていい空気も運んで来る。東京の浅草のまるで濁（にご）った寒天のような空気をうまく太平洋の方へさらって行って日本アルプスのいい空気だって代りに持って行ってやるんだ。もし僕がいなかったら病気も湿気（しっけ）もいくらふえるか知れないんだ。ところで今日はお前たちは僕にあうためにばかりここへ来たのかい。けれども僕は今日は十時半から演習へ出なきゃいけないからもう別れなきゃならないんだ。あしたまた来ておくれ。ね。じゃ、さよなら。」

　又三郎はもう見えなくなっていました。一郎と耕一も「さよなら」

【53】僕だっていたずらはするけれど……悪い空気も持って行っていい空気も運んで来る
風の効用を説明している。風は災害を起こしたり農作物に被害を与えるものだと思われがちであるが、植物の花粉や種を運び植物の繁殖を助け、草木を丈夫にする。また洗濯物を乾かし、風車や帆船の利用を可能にし、スモッグや汚染された空気を吹き飛ばしてくれる。現在では風力発電も可能になり、風は私たちの生活に有利な影響も与えている。

と云(い)いながら丘を下りて学校の誰(だれ)もいない運動場で鉄棒にとりついたりいろいろ遊んでひるころうちへ帰りました。

九月八日

その次の日は大へんいい天気でした。そらには【54】霜(しも)の織物のようなまた白い孔雀(くじゃく)のはねのような雲がうすくかかってその下を鳶(とんび)が黄金(きん)いろに光ってゆるく環(わ)をかいて飛びました。

みんなは、

「とんびとんび、とっとび。」とかわるがわるそっちへ叫(さけ)びながら丘(おか)をのぼりました。そしていつもの栗(くり)の木の下へかけ上るかあがらないうちにもう又三郎のガラスの沓(くつ)がキラッと光って又三郎は一昨日(おととい)の通りまじめくさった顔をして草に立っていました。

「今日は退屈(たいくつ)だったよ。朝からどこへも行きゃしない。お前たちの学校の上を二、三べんあるいたし谷底へ二、三べん下りただけだ。ここらはずいぶんいい処(ところ)だけれどもやっぱり僕はもうあきたねえ。」

【54】霜
よく晴れた風のない状態で気温が４℃以下になると、地表付近は氷点下となり、空気中の水蒸気が昇華して氷の結晶になる。この氷の細かい結晶が土の表面や草花の表面に白くなってついたものが霜と呼ばれる。

【55】北極だの南極だの
地球の自転軸と地球表面が交わった場所が北極と南極である。太陽光の受熱量が最も少ない場所にあたるため、年間を通じて他の地域より気温が低い。南極は大陸の上を平均２５００ｍもの厚さの氷が覆っており、氷の表面に地熱が伝わるよりも先に放射冷却で熱が奪われるため、海上を厚さ10ｍ程の氷が覆っている北極よりも気温が下がる。

又三郎は草に足を投げ出しながら斯う云いました。

「又三郎さん〔55〕北極だの南極だのおべ〔わかる〕だな。」

一郎は又三郎に話させることになれてしまって斯う云って話を釣り出そうとしました。

すると又三郎は少し馬鹿にしたように笑って答えました。

「ふん、北極かい。北極は寒いよ。」

ところが耕一は昨日からまだ怒っていましたしそれにいまの返事が大へんしゃくにさわりましたので

「北極は寒いかね。」とふざけたように云ったのです。さあすると今度は又三郎がすっかり怒ってしまいました。

「何だい、お前は僕をばかにしようと思ってるのかい。僕はお前たちにばかにさりゃしないよ。悪口を云うならも少し上手にやるんだよ。何だい、北極は寒いかねってのは、北極は寒いかね、ほんとうに田舎くさいねえ。」

耕一も怒りました。

「何した、汝などそだら東京だが。一年中うろうろど歩ってばがり居でいだずらばがりさな。」

　ところが奇体なことは、斯う云ったとき、また三郎が又俄かによろこんで笑い出したのです。

「もちろん僕は東京なんかじゃないさ。一年中旅行さ。旅行の方が東京よりは偉いんだよ。旅行たって僕のはうろうろじゃないや。かけるときはきぃっとかけるんだ。赤道から北極まで大循環さえやるんだ。東京なんかよりいくらいいか知れない。」

　耕一はまだ怒ってにぎりこぶしをにぎっていましたけれども又三郎は大機嫌でした。

「北極の話聞かせなぃが。」一郎がまた云いました。すると又三郎はもっとひどくにこにこしました。

「大循環の話なら面白いけれどむずかしいよ。あんまり小さな子はわからないよ。」

「わがる。」一年生の子が顔を赤くして叫びました。

「わかるかね。僕は大循環のことを話すのはほんとうはすきなんだ。僕は大循環は二遍やったよ。尤も一遍は途中からやめて下りたけれ

【56】ギルバート群島／ボルネオ　ギルバート群島は中部太平洋の赤道付近にある島々。ボルネオは赤道直下にある島で、インドネシア、マレーシア、ブルネイの3か国が分割して所有している。

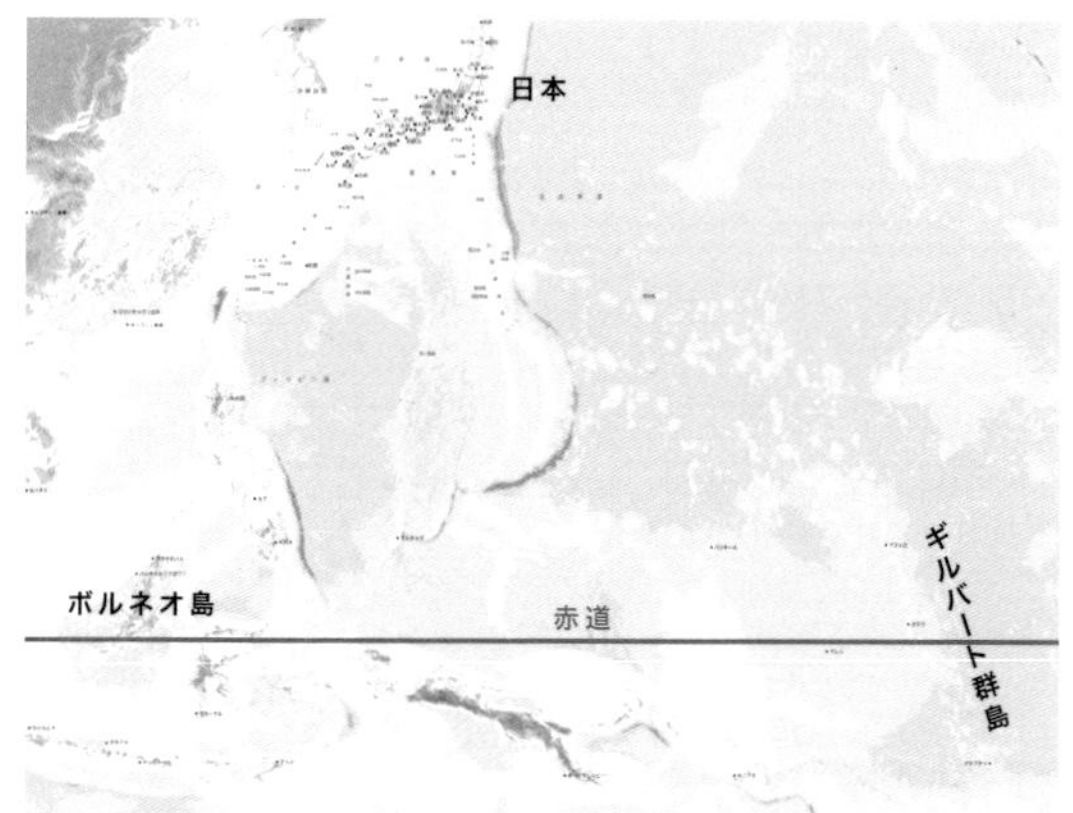

ギルバート群島とボルネオ島の位置（地理院地図をもとに作成）

ど、僕たちは五遍大循環をやって来ると、もうそりゃ幅が利くんだからね、だからみんなでかけるんだよ、けれども仲々うまく行かないからねえ、〔56〕**ギルバート群島**からのぼって発ったときはうまくいったけれどねえ、〔56〕**ボルネオ**から発ったときはすっかりしくじっちゃったんだ。それでも面白かったねえ、ギルバート群島の中の何と云う島かしら小さいけれども白壁の教会もあった、その島の近くに僕は行ったねえ、行くたって仲々容易じゃないや、あすこらは〔57〕**赤道無風帯**ってお前たちが云うんだろう。僕たちはめったに歩けやしない。それでも無風帯のはじの方から舞い上ったんじゃ中々高いとこへ行かないし高いとこへ行かなきゃ北極だなんて遠い処へも行けないから誰でもみんななるべく無風帯のまん中へ行こう行こうとするんだ。僕は一生けん命すきをねらってはひるのうちに海から向うの島へ行くようにし夜のうちに島からまた向うの海へ出るようにして何べんも何べんも戻ったりしながらやっとすっかり赤道まで行ったんだ。赤道には僕たちが見るとちゃんと白い指導標が立っているよ。お前たちが見たんじゃわかりゃしない。【章末コラム】**大循環志願者出**

【57】赤道無風帯

赤道付近は温度の高い上昇気流地帯で、東西方向の風がないため無風地帯と呼ばれた。【章末コラム】の大気大循環図の赤道低圧帯がそれにあたる。又三郎はできるだけ無風地帯の中央に行ってより上昇気流の強い部分に入り、高い高度に上がって遠くまで飛んで行こうとしている。

【58】北極に至る八千九百ヴェスター 南極に至る八千七百ヴェスター

赤道から北極までの距離は1万キロであるから1ヴェスターは約1.12㎞にあたるが、ヴェスターという単位は賢治が作ったのだろうか。よく似た言葉を探すとロシアでかつて使われていたヴェルスタ（verst）という長さの単位がある。日本語では露里（ろり）と訳され、1ヴェルスタ＝1.0668㎞なので値としては近い。ただし、ここでは赤道から北極までと南

発線、これより［58］北極に至る八千九百ベェスター南極に至る八千七百ベェスターと書いてあるんだ。そのスタートに立って僕は待っていたねえ、向うの島の椰子の木は黒いくらい青く、教会の白壁は眼へしみる位白く光っているだろう。だんだんひるになって暑くなる、海は油のようにとろっとなってそれでもほんの申しわけに白い波がしらを振っている。

ひるすぎの二時頃になったろう。島で銅鑼がだるそうにぼんぼんと鳴り椰子の木もパンの木も一ぱいにからだをひろげてだらしなくねむっているよう、赤い魚も水の中でもうふらふら泳いだりじっととまったりして夢を見ているんだ。その夢の中で魚どもはみんな青ぞらを泳いでいるんだ。青ぞらをぷかぷか泳いでいると思っているんだ。魚というものは生意気なもんだねえ、ところがほんとうは、その時、空を騰って行くのは僕たちなんだ、魚じゃないんだ。もうきっとその辺にさえ居れや、空へ騰って行かなくちゃいけないような気がするんだ。けれどものぼって行くたってそれはそれはそおっとのぼって行くんだよ。椰子の樹の葉にもさわらず魚の夢もさまさ

極までとの距離に200ベェスターの差があるが、実際には北極～赤道と赤道～南極の距離は同じである。北極から赤道へ戻る時には少し減って八千六百ベェスターになっているのは、上空と地表付近とで移動距離が異なるためだろうか。

ないようにまるでまるでそおっとのぼって行くんだ。はじめはそれでも割合早いけれどもだんだんのぼって行って海がまるで青い板のように見え、その中の白いなみがしらもまるで玩具(おもちゃ)のように小さくちらちらするようになり、さっきの島などはまるで一粒(つぶ)の【59】緑柱石(りょくちゅうせき)のように見えて来るころは、僕たちはもう上の方のずうっと冷たい所に居てふうと大きく息をつく、ガラスのマントがぱっと曇(くも)ったりまたさっと消えたり何べんも何べんもするんだよ。けれどもとうとうすっかり冷くなって僕たちはがたがたふるえちまうんだ。そうすると僕たちの仲間はみんな集(あつま)って手をつなぐ。そしてまだまだ騰(のぼ)って行くねえ、そのうちとうとうもう騰れない処(ところ)まで来ちまうんだよ。その辺の寒さなら北極とくらべたってそんなに違(ちが)やしない。その時僕たちはどうしても北の方に行かなきゃいけないようになるんだ。うしろの方では【章末コラム】

『ああ今度はいよいよ、かけるんだな。南極はここから八千七百べエスターだねえ、ずいぶん遠いねえ』なんて云(い)っている、僕たちもふり向いて、ああそうですね、もうお別れです、僕たちはこれから

【59】緑柱石
鉱物名で、緑色をしたものはエメラルド、青色はアクアマリンという宝石になる。

北極へ行くんです、ほんの一寸（ちょっと）の間でしたね、ご一緒（いっしょ）したのも、じゃさよならって云うんだよ。もうそう云ってしまうかしまわないうち僕たち北極行きの方はどんどんどんどん走り出しているんだ。咽喉（のど）もかわき息もつかずまるで矢のようにどんどんどんどんかける。それでも少しも疲（つか）れぁしない、ただ北極へ北極へとみんな一生けん命なんだ。下の方はまっ白な雲になっていることもあれば海か陸かただ蒼黝（あおぐろ）く見えることもある、昼はお日さまの下を夜はお星さまたちの下をどんどんどんどんかけて行くんだ。ほんとうにもう休みなしでかけるんだ。

ところがだんだん進んで行くうちに僕たちは何だかお互（たがい）の間が狭（せま）くなったような気がして前はひとりで広い場所をとって手だけつなぎ合ってかけて居たのが今度は何だかとなりの人のマントとぶっつかったり、手だって前のようにのばして居られなくなって縮まるんだろう。それがひどく疲れるんだよ。もう疲れて疲れて手をはなしそうになるんだ。それでもみんな早く北極へ行こうと思うから仲々手をはなさない、それでもとうとうたまらなくなって一人二人ずつ

手をはなすんだ。そして
『もう僕だめだ。おりるよ。さよなら。』
とずうっと下の方で聞えたりする。

二日ばかりの間に半分ぐらいになってしまった。僕たちは新らしい仲間とまた手をつないでお互顔を見合せながらどこまでもどこまでも北を指して進むんだ。先頃僕行って挨拶して来たおじさんはもう十六回目の大循環なんだ。飛びようだってそりゃ落ち着いているからね、僕が下から、おじさん、大丈夫ですかって云ったらおじさんは大きな大きなまるで僕なんか四人も入るようなマントのぼたんをゆっくりとかけながら、うん、お前は今度はタスカロラのはじに行くことになってるのだな、おれはタスカロラにはあさっての朝着くだろう。戻りにどこかでまたあうよ。あんまり乱暴するんじゃないよってんだ。僕がええ、あばれませんからと云ったときはおじさんはもうずうっと向うへ行っていてそのマントのひろいせなかが見えていた、僕がそう云ってもただ大きくうなずいただけなんだ。えらいだろう。ところが僕たちのかけて行ったときはそんなにゆっくりしてはいなかった。みんな若いものばかりだからどうしても急ぐんだ。

『ここの下はハワイになっているよ。』なんて誰か叫ぶものもあるねえ、どんどんどんどん僕たちは急ぐだろう。にわかにポーッと霧の出ることがあるだろう。お前たちはそれがみんな水玉だと考えるだろう。そうじゃない、みんな小さな小さな氷のかけらなんだよ、顕微鏡で見たらもういくらすきとおって尖っているか知れやしない。

そんな旅を何日も何日もつづけるんだ。

ずいぶん美しいこともあるし淋しいこともある。雲なんかほんとうに奇麗なことがあるよ。」

「赤くてが。」耕一がたずねました。

「いいや、赤くはないよ。雲の赤くなるのは戻りさ。南極か北極へ向いて上の方をどんどん行くときは雲なんか赤かぁないんだよ。赤かぁないんだけれど、それあ美しいよ。ごく淡いいろの虹のように見えるときもあるしねえ、いろいろなんだ。

だんだん行くだろう。そのうちに僕たちは大分低く下っているこ

【章末コラム】

【60】北極圏

北緯66度33分より北の範囲を北極圏と呼ぶ。

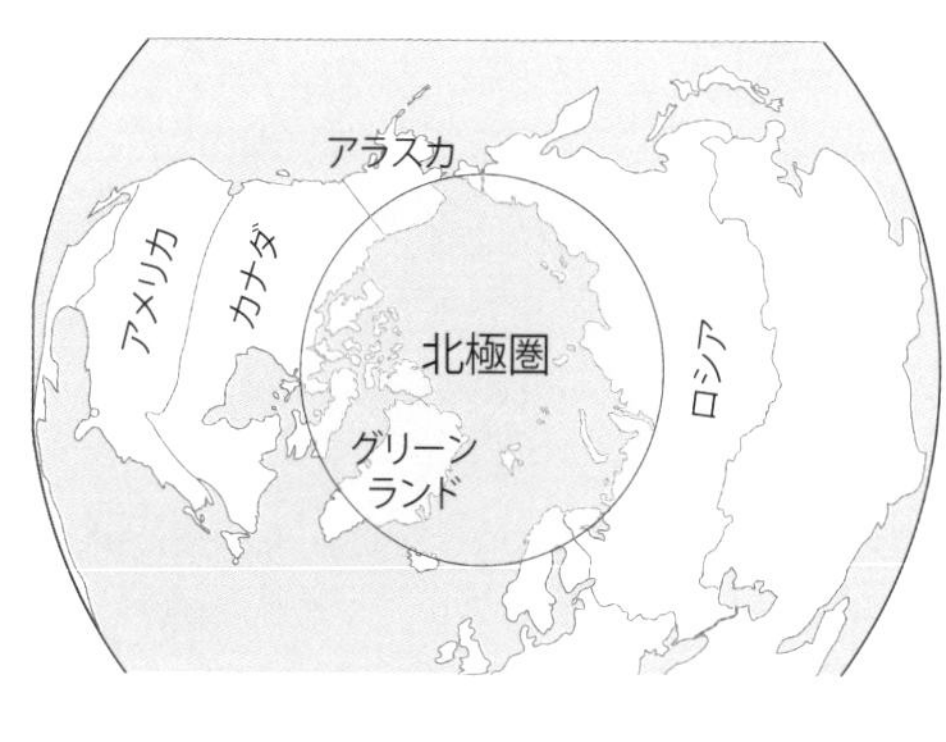

とに気がつくよ。
　夜がぼんやりうすあかるくてそして大へんみじかくなる。ふっと気がついて見るともう【60】**北極圏**に入っているんだ。海は蒼黝くて見るから冷たそうだ。船も居ない。そのうちにとうとう僕たちは【61】**氷山**を見る。朝ならその稜が日に光っている。下の方に大きな白い陸地が見えて来る。それはみんながちがちの氷なんだ。向うの方は灰のようなけむりのような白いものがぼんやりかかってよくわからない。それは氷の霧なんだ。ただその霧のところどころから尖ったまっ黒な岩があちこち朝の海の船のように顔を出しているねえ。『あすこは【62】**グリーンランド**だよ。』僕たちは話し合うんだ。いままでどこをとんでいたのかもう今度で三度目だなんていう少し大きい方の人などが大威張でやって来ていろいろその辺のことなど云うんだ。
『そら、あすこのとこがゲーキイ湾だよ。知ってるだろう。英国のサア、アーキバルド、ゲーキーの名をつけた湾なんだ。ごらんそら、氷河ね、氷河が海にはいるねえ、あれで【63】少しずつ押されてだん

【61】氷山
大陸にあった氷河や棚氷が海に流れ出して浮かび、島のようになったもの。海面から見える部分は10%程でほとんどが海面下にある。そのため小さな氷山と見えても海面下にはその9倍もの大きさの氷塊があるため、船が衝突して沈没してしまうことがある。

【62】グリーンランド
ハワイからアメリカ大陸を北東に横断した又三郎たちはグリーンランドにまで来た。グリーンランドは大部分が北極圏に属し、島の80%が氷床や氷河で覆われている（【60】参照）。

【63】少しずつ押されて……氷河から断れて氷山にならあね
氷山ができる過程を説明している。陸上の氷河から押し出され、海に入って氷河から切り離されると氷山となって海に浮かぶ。

だん喰み出してるんだよ、そしてとうとう氷河から断れて氷山にならあね。あっちは？　あっちが英国さ、ここはもう地球の頂上だからどっちへ行くたって近いやね、少し間違えば途方もない方へ降りちまうよ。あっち？　あっちが英国さ。』なんてほんとうに威張ってるんだ。僕たちはもう殆んど東の方へ東の方へと北極を一まわりするようになるんだ。この時だよ、僕らのこわいのは。大循環でいちばんこわいのはこの時なんだよ、この僕たちのまわるもっと中の方に**極渦**【章末コラム】といって大きな環があるんだ。その環にはいったらもう仲々出られない。卑怯なものはそれでもみんな入っちまうよ。環のまん中に名高い、ヘルマン大佐がいるんだ。人間じゃないよ。僕たちの方のだよ。ヘルマン大佐はまっすぐに立って腕を組んでじろじろあたりをめぐっているものを見ているねえ、そして僕たちの眼の色で卑怯だったものをすぐ見わけるんだ。そして
『こら、その赤毛、入れ。』と斯う云うんだ。そう云われたらもうおしまいだ極渦の中へはいってぐるぐるぐるぐるまわる、仲々出ていいとは云わないんだ。だから僕たちそのときは本当に緊張するよ。

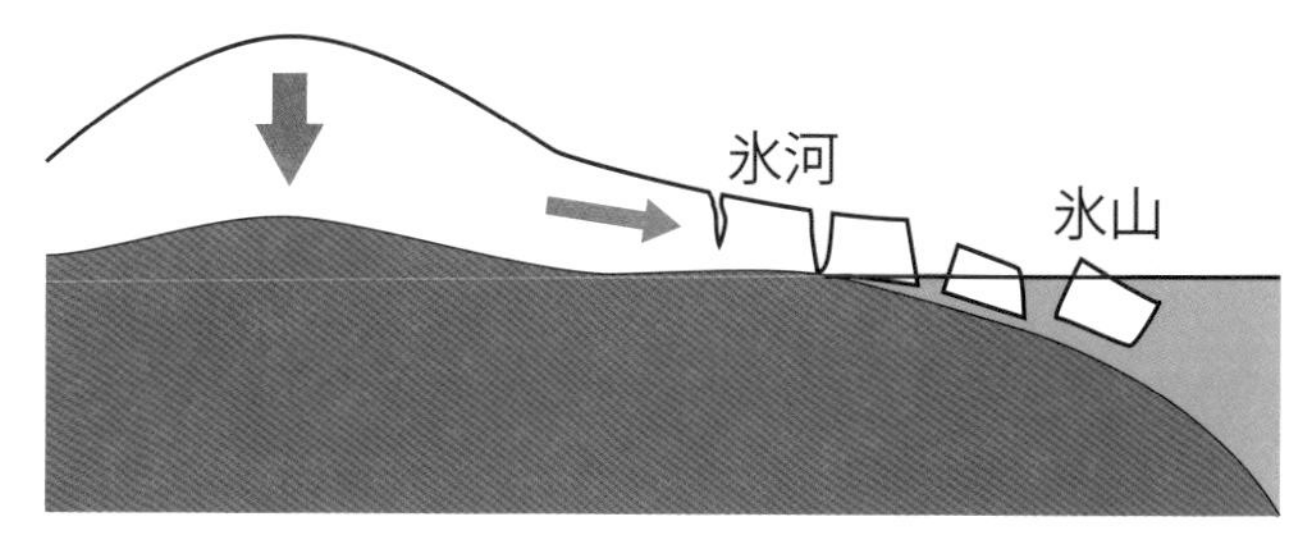

けれどもなんにも卑怯をしないものは割合平気だねえ、大循環の途中でわざとつかれた隣りの人の手をはなしたものだの早くみんなやめるといいと考えてきろきろみんなの足なみを見たりしたものはどれもすっかり入れられちまうんだ。

　そのうちだんだん僕らはめぐるだろう。そして下の方におりるんだ。おしまいはまるで海とすれすれになる。そのときあちこちの氷山に、【章末コラム】大循環到着者はこの附近に於て数日間休養すべし、帰路は各人の任意なるも障碍は来路に倍するを以て充分の覚悟を要す。海洋は摩擦少きも却って速度は大ならず。最も愚鈍なるもの最も賢きものなり、という白い杭が立っている。[58] これより赤道に至る八千六百ベスターというような標もあちこちにある。だから僕たちはその辺でまあ五、六日はやすむねえ、そしてまったくあの辺は面白いんだよ。白熊は居るしね、テッデーベーヤ［テディベア］さ。あいつはふざけたやつだねえ、氷のはじに立ってとぼけた顔をしてじっと海の水を見ているかと思うと俄かに前肢で頭をかかえるようにしてね、ざぶんと水の中へ飛び込むんだ。するとからだ中の毛がみんなまるで銀の針のように見えるよ。あっぷあっぷ溺れるまねをしたりなんかもするねえ、そんなことをしてふざけながらちゃんと魚をつかまえるんだからえらいや、魚をつかまえてこんどは大威張りでまた氷にあがるんだ。魚というものは本当にばかなもんだ、ふざけてさえ居れば大丈夫(だいじょうぶ)こわくないと思ってるんだ。白熊はなかなか賢いよ。それからその次に面白いのは[64]**北極光**(オーロラ)だよ。ぱちぱち鳴るんだ、ほんとうに鳴るんだよ。紫(むらさき)だの緑だのずいぶん奇麗(きれい)な見世物だよ、僕らはその下で手をつなぎ合ってぐるぐるまわったり歌ったりする。

そのうちとうとうまた帰るようになるんだ。今度は海の上を渡(わた)って来る。あ、もう演習の時間だ。あしたまた話すからね。じゃさよなら。」又三郎は一ぺんに見えなくなってしまいました。みんなも丘をおりたのです。

九月九日

「北極は面白いけれどもそんなに永くとまっている処(とこ)じゃない。う

【64】北極光

北極光、すなわちオーロラは、北極圏や南極圏の夜、見られる光の帯で高度100㎞～300㎞に出現する。太陽からの電気を帯びた粒子（プラズマ）が上層大気中の原子や分子にぶつかった時に、発光が起こり、光の帯として見られる。

っかりはせまわってふらふらしているとこなどを、ヘルマン大佐になど見られようもんならさっそく、おいその赤毛、入れ、なんて来るからねえ、いくら面白いたって少し疲れさえなおったら出発をはじめるんだよ。帰りはもう自由だからみんなで手をつながなくてもいいんだ。気の合った友達と二人三人ずつ向うの隙き次第出掛けるだろう。僕の通って来たのは【65】**ベーリング海峡**から太平洋を渡って北海道へかかったんだ。どうしてどうして途中のひどいこと前に高いとこをぐんぐんかけたどこじゃない、南の方から来てぶっつかるやつはあるし、【66】ぶっつかったときは霧ができたり雨をちらしたり負ければあと戻りをしなきゃいけないし丁度力が同じだとしばらくとまったりこの前のサイクルホールになったりするし勝ったってよっぽど手間取るんだからそらぁ実際気がいらいらするんだよ。喧嘩だってずいぶんするよ。けれども決して卑怯はしない。そら僕らが三人ぐらい北の方から少し西へ寄って南の方へ進んで行くだろう、向うから丁度反対にやって来るねえ、こっちが三人で向うが十人のこともある、向うが一人のこともある、けれども勝まけは人数

【65】ベーリング海峡
ロシアのカムチャツカ半島とアメリカのアラスカ半島、アリューシャン列島に囲まれた海域。ここと北のチュクチ海とをつなぐ海峡をベーリング海峡という。

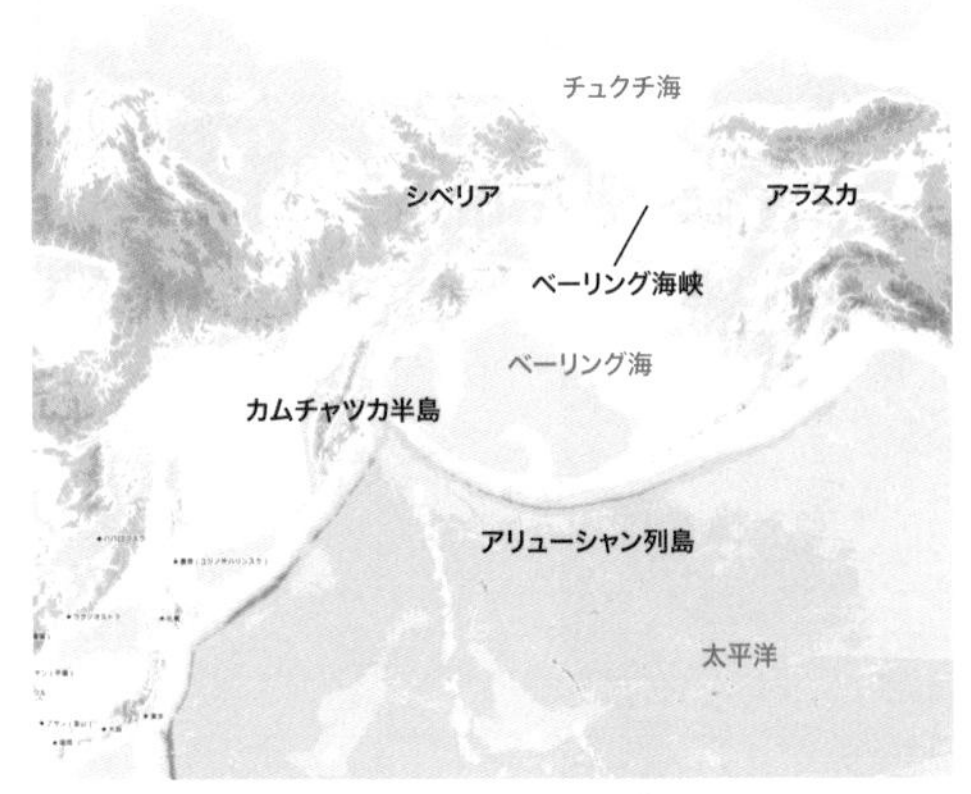

（地理院地図をもとに作成）

【66】ぶっつかったときは霧ができたり……よっぽど手間取る
北極で冷やされた大気がベーリング海峡

じゃない力なんだよ、人数へ速さをかけたものなんだよ、

君たちはどこまで行こうっての、こっちが遠くからきくねえ、

【67】アラスカだよ。向うが答えるだろう。冗談じゃないや、アラスカなんか行くとこはありゃしない。僕たちがそっちから来たんじゃないか。いいや、行くように云われて来たんだ、さあ通してお呉れ、いいや僕たちこそ大循環なんだ、よくマークを見てごらん、大循環と云われると大抵誰でも一寸顔いろを和らげてマークをよく見るねえ、はじめから、ああ大循環だ通してやれなんて云うものもそれぁあるよ。けれども仲々大人なんかにはたちの悪いのもあるからね、なんだ、大循環だ、かっぱめ、ばかにしやがるな。どけ。なんてわざと空っぽな大きな声を出すものもあるんだ。いいえどかれません、じゃ法令の通りボックシングをやりましょうとなるだろう、勝つことも負けることもある、けれども僕は卑怯は嫌いだからねえ、もしすきをねらって遁げたりするものがあってもそんなやつを追いかけやしない、あとでヘルマン大佐につかまるよってだけ云うんだ。しずかな日きまった速さで海面を南西へかけて行くときはほんとうに

から太平洋を経て北海道へと地表面を南へ移動している間に、南から来た暖かい風とぶつかると海霧が発生する。冷たい風（又三郎たち）の方が強いと寒気が暖気に食いこむ形で寒冷前線ができ、負ければ暖気が寒気を押しこむ形で温暖前線ができる。暖気と力が同じ時は停滞前線ができて動けなくなってしまうのである。

【67】アラスカ
アメリカ合衆国の中で最も北にある州で、カナダを挟んだ飛び地である。一部が北極圏に属する（【60】参照）。

うれしいねえ、そんな日だって十日に三日はあるよ、そう云うふうにして丁度北極から一ヶ月目に僕は津軽海峡を通ったよ、あけがたでね、函館の砲台のある山には低く雲がかかっている、僕はそれを少し押しながら進んだ、海すずめが何重もの環になって白い水にすれすれにめぐっている、かもめも居る、船も通る、えとろふ丸なんて云う荷物を一杯に積んだ大きな船もあれば白く塗られた連絡船もある。そうそう、そのとき僕は北海道の大学の伊藤さんにも会った。あの人も気象をやってるから僕は知っている。

それから僕は少し南へまっすぐに朝鮮へかかったよ。あの途中のさびしかったことね、僕はたった一人になっていたもんだから、雲は大へんきれいだったし邪魔もあんまりなかったけれどもほんとうにさびしかったねえ、朝鮮から僕はまた東の方へ西風に送られて行ったんだ。海の中ばかりあるいたよ。商船の甲板でシガアの紫の煙をあげるチーフメートの耳の処で、もしもしお子さんはもう歩いておいでですよ、なんて云って行くんだ。船の上の人たちへの僕たちの挨拶は大抵斯んな工合なんだよ、

【68】冷たい氷の雲

氷の結晶でできた雲は高度の高い雲、つまり巻雲や巻層雲、巻積雲などである。大気大循環の上空の風は、こうした上層雲のできる辺りを移動している。

上の方を見るとあの【68】**冷たい氷の雲**がしずかに流れている。そうだあすこを新らしい大循環の志願者たちが走って行く。いつまた僕は大循環へ入るだろう、ああもう二十日かそこらでこんどのは卒業するんだ、と考えるとほんとうに何とも云えずうれしい気がするねえ。」

「おらの方の試験ど同じだな。」耕一が云いました。

「うん、だけどおまえたちの試験よりはむずかしいよ。お前たちの試験のようなもんならただ毎日学校へさえ来ていれば遊んでいても卒業するだろう。」又三郎はきっと誰か怒るだろうと思って少し口をまげて笑いながら斯う云いました。

「おらの方だて毎日学校さ来るのひでじゃぃ。」耕一が大して怒ったでもなしに斯う云いました。

「ふん、そうかい、誰だって同じことだな。さあ僕は今日もいそがしい。もうさよなら。」

又三郎のかたちはもうみんなの前にありませんでした。みんなはばらばら丘をおりました。

九月十日

「ドッドド、ドドウド、ドドウ、
ああまいざくろも吹き飛ばせ、
すっぱいざくろも吹き飛ばせ、
ドッドド、ドドウド、ドドウド、ドドウ
ドッドド、ドドウド、ドドウド、ドドウ。」

先頃又三郎から聴いたばかりのその歌を一郎は夢の中でまたきいたのです。

びっくりして跳ね起きて見ましたら外ではほんとうにひどく風が吹いてうしろの林はまるで咆えるよう、あけがた近くの青ぐろいうすあかりが障子や棚の上の提灯箱や家中いっぱいでした。

一郎はすばやく帯をしてそれから下駄をはいて土間に下り馬屋の前を通って潜りをあけましたら風がつめたい雨のつぶと一緒にどうっと入って来ました。馬屋のうしろの方で何かの戸がばたっと倒れ馬はぶるるっと鼻を鳴らしました。

一郎は風が胸の底まで滲み込んだように思ってはあと強く息を吐きました。そして外へかけ出しました。

外はもうよほど明るく土はぬれて居りました。家の前の栗の木の列は変に青く白く見えてそれがまるで風と雨とで今洗濯をするとでも云うように烈しくもまれていました。青い葉も二、三枚飛び吹きちぎられた栗のいがは黒い地面にたくさん落ちて居りました。

空では雲がけわしい銀いろに光りどんどんどんどん北の方へ吹きとばされていました。

遠くの方の林はまるで海が荒れているようにごとんごとんと鳴ったりざあと聞えたりするのでした。一郎は顔や手につめたい雨の粒を投げつけられ風にきものも取って行かれそうになりながらだまってその音を聴きすましじっと空を見あげました。もう又三郎が行ってしまったのだろうかそれとも先頃約束したように誰かの目をさますうち少し待って居て呉れたのかと考えて一郎は大へんさびしく胸がさらさら波をたてるように思いました。けれどもまたじっとその鳴って吠えてうなってかけて行く風をみていますと今度は胸がどかどかなってくるのでした。昨日まで丘（おか）や野原の空の底に澄（す）みきってしんとしていた風どもが今朝夜あけ方俄（にわ）かに一斉（いっせい）に斯（こ）う動き出してどんどんどんどんタスカロラ海床（かいしょう）の北のはじをめがけて行くことを考えますともう一郎は顔がほてり息もはあ、はあ、なって自分までが一緒に空を翔（か）けて行くように胸を一杯にはり手をひろげて叫（さけ）びました。

「ドッドドドドウドドドドウ、あまいざくろも吹（ふ）きとばせ、
すっぱいざくろも吹きとばせ、ドッドドドドウドドドドウ、
ドッドドドドウドドドードドドウ。」

その声はまるできれぎれに風にひきさかれて持って行かれましたがそれと一緒にうしろの遠くの風の中から、斯（こ）ういう声がきれぎれに聞えたのです。

「ドッドドドドウドドドドウ、
楢（なら）の木の葉も引っちぎれ
とちもくるみもふきおとせ
ドッドドドドウドドドドウ。」

一郎は声の来た栗の木の方を見ました。俄かに頭の上で

「さよなら、一郎さん、」と云ったかと思うとその声はもう向うのひのきのかきねの方へ行っていました。一郎は高く叫びました。

「又三郎さん。さよなら。」

かきねのずうっと向うで又三郎のガラスマントがぎらっと光りそれからあの赤い頬とみだれた赤毛とがちらっと見えたと思うと、もうすうっと見えなくなってただ雲がどんどん飛ぶばかり一郎はせなか一杯風を受けながら手をそっちへのばして立っていたのです。

「ああ[69]**烈で風**だ。今度はすっかりやらへる。一郎。ぬれる、入れ。」いつか一郎のおじいさんが潜りの処でそらを見上げて立っていました。一郎は早く仕度をして学校へ行ってみんなに又三郎のさようならを伝えたいと思って少しもどかしく思いながらいそいで家の中へ入りました。

【69】烈で風
烈風（れっぷう）は風力の階級12段階のうち11段階目にあたり、風力11、風速28・5m～32・6m／秒。ここでは方言に烈風の漢字が当てられている。

column

又三郎の世界旅行・大気の大循環とは？

風の化身である又三郎は、地球上をずっと旅してるんだね。

地球を取り巻く大気は大きく円を描くように循環している。この大気大循環のしくみを知ると、又三郎の言っていることがますますよくわかるよ。

大循環志願者出発線

赤道付近で暖められた空気は上昇し、上空約16㎞で対流圏の天井（圏界面）に至ると、そこから北極あるいは南極に分かれて流れる。

赤道付近のボルネオ島やギルバート群島付近で上昇気流に乗って圏界面まで登った又三郎たちは、ここで北極方面に行くか南極方面に行くか分かれる。大気大循環のスタートラインだ

仲間はみんな集って手をつなぐ

賢治は大気の大きな流れを、又三郎の仲間たちがみんなで手をつないで移動していくように表現している。

大気が圏界面に沿って北に向かっていくと、しだいに気温が下がり、およそ緯度30度付近で下降していくものも出てくる。下降する大気は手を解き、別れを告げて離れていくのだろう。その付近では常に西風（ジェット気流）が蛇行しながら吹いているので、それに乗って西から東へ向かう。当時はジェット気流については詳しくわかっていなかったが、上空の西風の存在は、水沢の旧緯度観測所の観測でわかっていた。

又三郎たちはまっすぐ北極を目指したが、緯度30度付近で一旦降下した風も、緯度60度付近で再び圏界面まで上昇し、北極に向かう。圏界面は北に行くほど高度が低

くなっているため、又三郎たちの高度も落ちてくる。北極付近では高度6km程度まで下がる。

極渦に入り、回転しながらしだいに下降し、海面付近まで降りてきた又三郎たちは、北極に浮かぶ氷山で大循環到着者として休養できる。地表まで降りてきた空気はここでは高気圧となり、緩やかに空気を吐き出しているのでこのような表現で説明しているのだろう。

もともと、大気の大循環は赤道から極まで一つの大きな循環だけが存在すると考えられており、賢治もそれに沿って書いているが、現在は研究が進み、低・中・高緯度に3つの循環があることがわかっている。

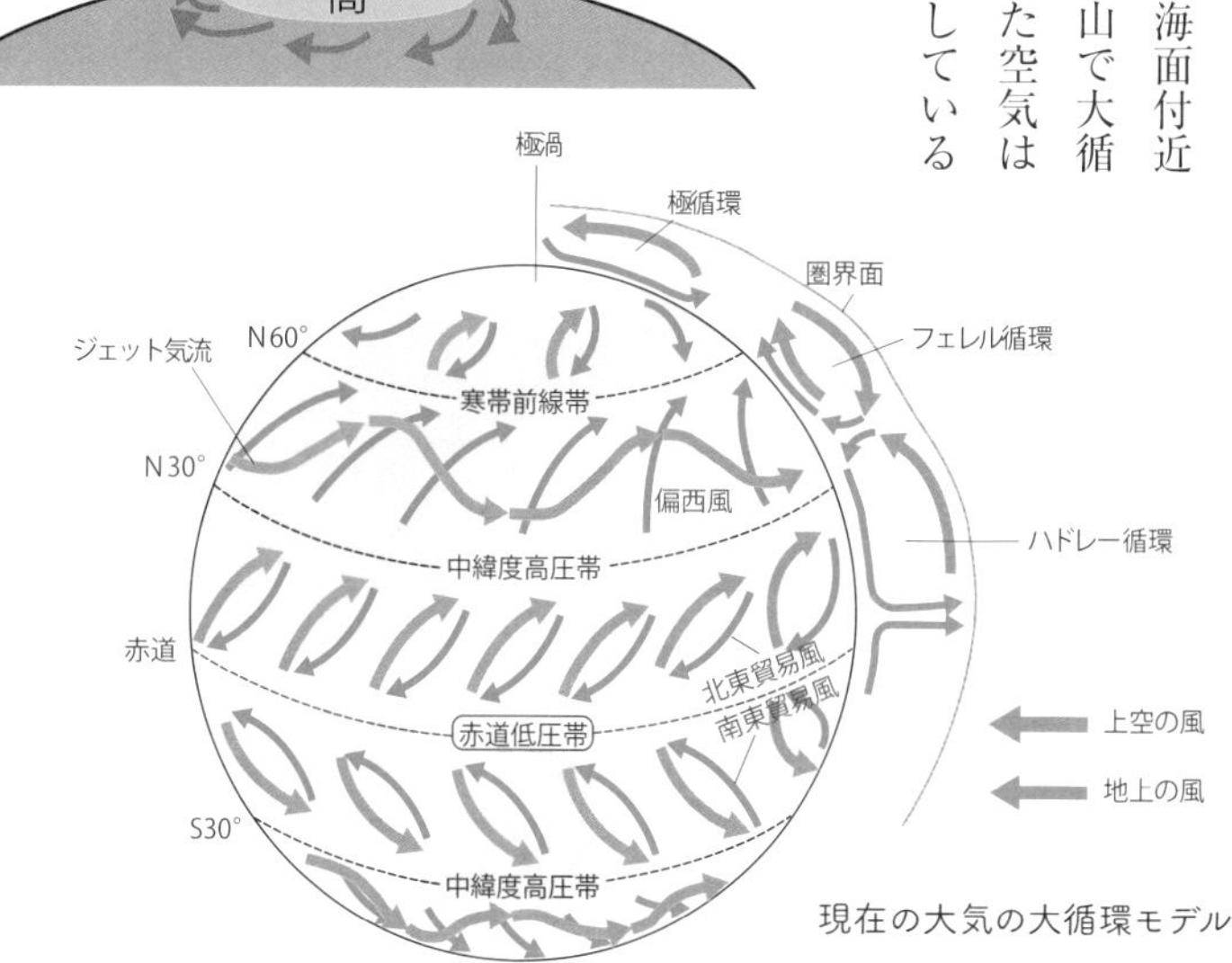

現在の大気の大循環モデル

現在は賢治の時代よりもより詳細な大気の大循環のしくみがわかっているよ。

いま又三郎が大循環の旅に出かけたら、もっと複雑な旅行になりそうね。

第5章

土神（つちがみ）ときつね

土神ときつね

（一）

[1]**一本木の野原**の、北のはずれに、少し小高く盛(も)りあがった所がありました。いのころぐさがいっぱいに生え、そのまん中には一本の奇麗(きれい)な女の樺(かば)の木がありました。

それはそんなに大きくはありませんでしたが幹はてかてか黒く光り、枝(えだ)は美しく伸(の)びて、五月には白い花を雲のようにつけ、秋は黄金(きん)や紅(あか)やいろいろの葉を降らせました。

ですから渡(わた)り鳥のかっこうや百舌(もず)も、また小さなみそさざいや目白もみんなこの木に停(と)まりました。ただもしも若い鷹(たか)などが来ているときは小さな鳥は遠くからそれを見付けて決して近くへ寄りませんでした。

この木に二人の友達がありました。一人は丁度、五百歩ばかり離(はな)れたぐちゃぐちゃの[2]**谷地(やち)**の中に住んでいる土神で一人はいつも

【1】一本木の野原
盛岡市のやや北、岩手県滝沢市に一本木という地名がある。かつては野原だったのかもしれないが、現在は東北自動車道と国道282号線が南北に通り、田畑が広がっている。西には岩手山を仰ぐ。

（地理院地図より作成）

野原の南の方からやって来る茶いろの狐だったのです。

樺の木はどちらかと云えば狐の方がすきでした。なぜなら土神の方は神という名こそついてはいましたがごく乱暴で髪もぼろぼろの木綿糸の束のよう眼も赤くきものだってまるでわかめに似、いつもはだしで爪も黒く長いのでした。ところが狐の方は大へんに上品な風で滅多に人を怒らせたり気にさわるようなことをしなかったのです。

ただもしよくよくこの二人をくらべて見たら土神の方は正直で狐は少し不正直だったかも知れません。

（二）

夏のはじめのある晩でした。樺には新らしい柔らかな葉がいっぱいについていいかおりがそこら中いっぱい、空にはもう【3】**天の川**がしらしらと渡り【4】星はいちめんふるえたりゆれたり灯ったり消えたりしていました。

【2】谷地
東日本では山麓に広がる軟傾斜地や低地の凹部にできる湿地を谷地という。岩手山周辺にも多くの谷地があり、岩手山南東、鞍掛山山麓に広がる春子谷地（滝沢市）が有名である。そこから東側に広がる岩手山の緩斜面が一本木原である。

（地理院地図より作成）

【3】天の川
天の川は、銀河系内部にある地球から見た銀河系の断面部分の星の集まりである。夏は銀河系の中心部分が見えるので天の川の幅が広く、冬は銀河系の端を見ることになるので幅が細い。

その下を狐が詩集をもって遊びに行ったのでした。仕立おろしの紺の背広を着、赤革の靴もキッキッと鳴ったのです。

「実にしずかな晩ですねえ。」

「ええ。」樺の木はそっと返事をしました。

「[5]**蝎ぼし**が向うを這っていますね。[6]**あの赤い大きなやつ**を昔は支那［中国の古い呼称］では火と云ったんですよ。」

「[7]**火星とはちがうんでしょうか。**」

「火星とはちがいますよ。火星は[8]**惑星**ですね、ところがあいつは立派な[8]**恒星**なんです。」

「惑星、恒星ってどういうんですの。」

「惑星というのはですね、自分で光らないやつです。つまりほかから光を受けてやっと光るように見えるんです。恒星の方は自分で光るやつなんです。[9]お日さまなんかは勿論恒星ですね。あんなに大きくてまぶしいんですがもし途方もない遠くから見たらやっぱり小さな星に見えるんでしょうね。」

「まあ、お日さまも星のうちだったんですわね。そうして見ると空

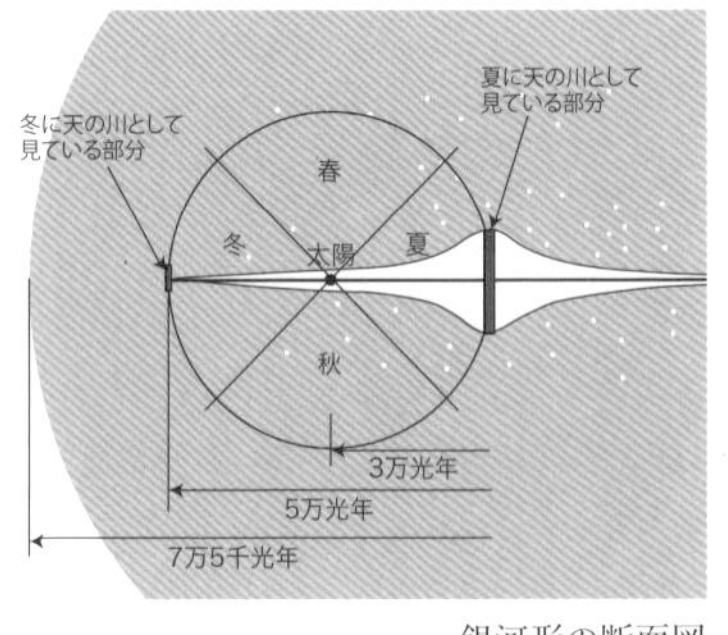

銀河形の断面図

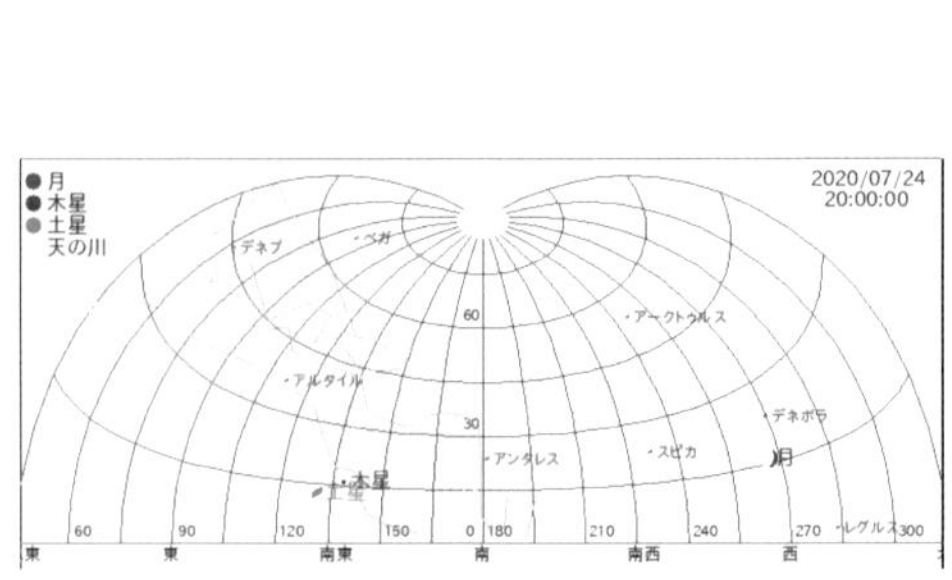

2020年7月24日午後8時の盛岡での天の川（国立天文台）

にはずいぶん沢山のお日さまが、あら、お星さまが、あらやっぱり変だわ、お日さまがあるんですね。」

狐は鷹揚に笑いました。

「まあそうです。」

「【10】お星さまにはどうしてああ赤いのや黄のや緑のやあるんでしょうね。」

狐はまた鷹揚に笑って腕を高く組みました。詩集はぷらぷらしましたがなかなかそれで落ちませんでした。

「星に橙や青やいろいろある訳ですか。それは斯うです。【章末コラム】全体星というものははじめはぼんやりした雲のようなもんだったんです。いまの空にも沢山あります。たとえば【11】**アンドロメダ**にも【12】**オリオン**にも猟犬座にもみんなあります。【13】**猟犬座のは渦巻き**です。それから【14】**環状星雲**というのもあります。魚の口の形ですから【15】**魚口星雲**とも云いますね。そんなのが今の空にも沢山あるんです。」

「まあ、あたしいつか見たいわ。魚の口の形の星だなんてまあどん

【4】星はいちめんふるえたりゆれたり灯ったり消えたりしていました
夜空の星を見ると、ちらちら瞬いて見える。これは星の光が地球の大気を通過するとき、空気塊の揺らぎなどで光の屈折率が細かく変化するからである。もっと地球に近い距離にある月や惑星は、光源が点ではなく面として大きさがあるため、多少揺らぎがあっても瞬いて見えない。

【5】蠍ぼし
さそり座の星のこと。日本では夏の初めの午後8時頃、ちょうど南の方角に見える。サソリをかたどったように星が並んでいる。

さそり
アンタレス

さそり座（国立天文台HPより）

なに立派でしょう。」

「それは立派ですよ。僕【16】水沢の天文台で見ましたがね。」

「まあ、あたしも見たいわ。」

「見せてあげましょう。僕実は【17】望遠鏡を独乙のツァイスに注文してあるんです。来年の春までには来ますから来たらすぐ見せてあげましょう。」狐は思わず斯う云ってしまいました。そしてすぐ考えたのです。ああ僕はたった一人のお友達にまたつい偽を云ってしまった。ああ僕はほんとうにだめなやつだ。けれども決して悪い気で云ったんじゃない。よろこばせようと思って云ったんだ。あとですっかり本当のことを云ってしまおう、狐はしばらくしんとしながら斯う考えていたのでした。樺の木はそんなことも知らないでよろこんで言いました。

「まあうれしい。あなた本当にいつでも親切だわ。」

狐は少し悄気ながら答えました。

「ええ、そして僕はあなたの為ならばほかのどんなことでもやりますよ。この詩集、ごらんなさいませんか。ハイネという人のですよ。

【6】あの赤い大きなやつ
赤く明るく輝く、さそり座の一等星アンタレスのこと。星の光の色については【10】を参照。

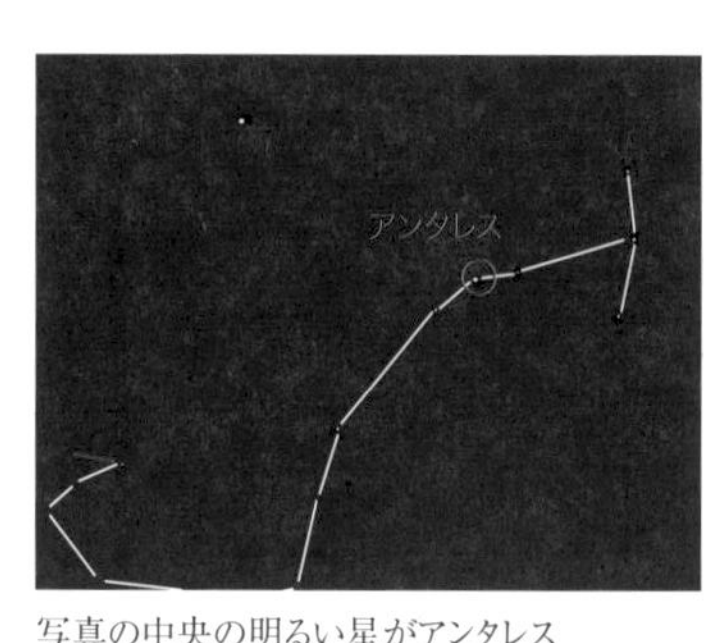

写真の中央の明るい星がアンタレス

【7】火星
太陽系の惑星の一つで、地球より1つ外側の軌道にあり、太陽の周囲を687日で一周する。直径は地球の約半分、質量は10分の1、自転時間はほぼ同じ。火星が赤く見えるのは表面が酸化鉄（赤色）で覆われているため。フォボス、ダイモスという衛星を2つ持つ。

翻訳(ほんやく)ですけれども仲々よくできてるんです。」

「まあ、お借りしていいんでしょうかしら。」

「構いませんとも。どうかゆっくりごらんなすって。じゃ僕もう失礼します。はてな、何か云い残したことがあるようだ。」

「お星さまのいろのことですわ。」

「ああそうそう、だけどそれは今度にしましょう。僕あんまり永くお邪魔(じゃま)しちゃいけないから。」

「あら、いいんですよ。」

「僕また来ますから、じゃさよなら。本はあげてきます。じゃ、さよなら。」狐はいそがしく帰って行きました。そして樺の木はその時吹(ふ)いて来た[18]**南風**にざわざわ葉を鳴らしながら狐の置いて行った詩集をとりあげて天の川やそらいちめんの星から来る微(かす)かなあかりにすかして頁(ページ)を繰(く)りました。そのハイネの詩集にはロウレライやさまざま美しい歌がいっぱいにあったのです。そして樺の木は一晩中よみ続けました。ただその野原の三時すぎ東から[19]**金牛宮**(きんぎゅうきゅう)ののぼるころ少しとろとろしただけでした。

【8】惑星／恒星
惑星は太陽の周りをまわっている天体で、それ自体は光を発さず、太陽の光を反射して輝いている。一方、恒星は太陽と同じく自ら光を出して輝く星。

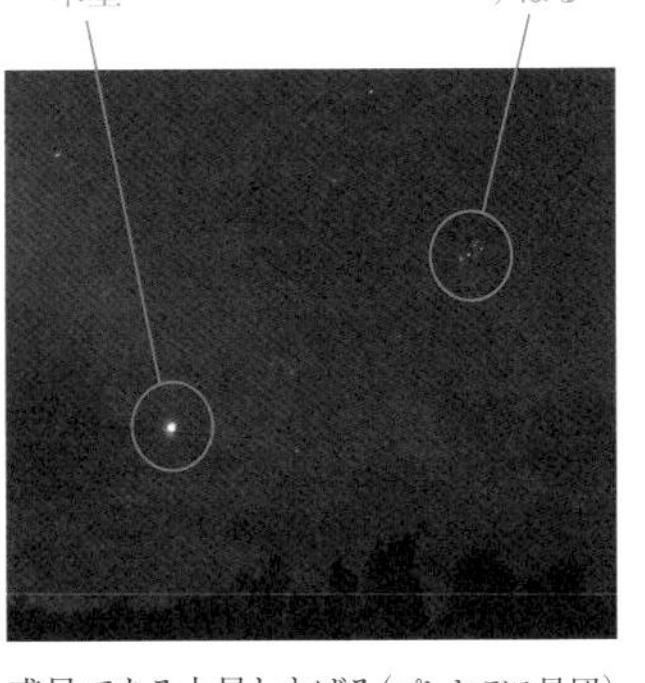

惑星である木星とすばる（プレヤデス星団）などの恒星

【9】お日さまなんかは勿論恒星……やっぱり小さな星に見える
太陽は自ら光を出す恒星で、空にたくさんある恒星と同じである。私たちに最も近い距離にある恒星は太陽で、地球との距離は約0.00001581光年（約1億5000万km）である。その次がケンタウルス座のα星プロキシマで、4.3光

夜があけました。太陽がのぼりました。

草には露がきらめき花はみな力いっぱい咲きました。

その東北の方から【20】熔けた銅の汁をからだ中に被ったように朝日をいっぱいに浴びて土神がゆっくりゆっくりやって来ました。いかにも分別くさそうに腕を拱きながらゆっくりゆっくりやって来たのでした。

樺の木は何だか少し困ったように思いながらそれでも青い葉をきらきらと動かして土神の来る方を向きました。その影は草に落ちてちらちらちらちらゆれました。土神はしずかにやって来て樺の木の前に立ちました。

「樺の木さん。お早う。」

「お早うございます。」

「わしはね、どうも考えて見るとわからんことが沢山ある、なかなかわからんことが多いもんだね。」

「まあ、どんなことでございますの。」

「たとえばだね、草というものは【21】**黒い土**から出るのだがなぜこ

年（光の速さで進んで4・3年かかる距離）。太陽もこれくらい離れると小さな点のように見える。

【10】お星さまにはどうしてああ赤いのや黄のや緑のやあるんでしょうね

オリオン座周辺の一等星の光の色

星の光が赤や青などさまざまな色に見えるのは、星の表面温度に関係する。1万度以上の高温の星は青白色、6000度ぐらいの星は黄色、3000度ぐらい低温の星は赤色に見える。

う青いもんだろう。黄や白の花さえ咲くんだ。どうもわからんねえ。」

「それは草の種子が青や白をもっているためではないでございましょうか。」

「そうだ。まあそう云えばそうだがそれでもやっぱりわからんな。たとえば秋のきのこのようなものは種子もなし全く土の中からばかり出て行くもんだ、それにもやっぱり赤や黄いろやいろいろある、わからんねえ。」

「狐さんにでも聞いて見ましたらいかがでございましょう。」

　樺の木はうっとり昨夜の星のはなしをおもっていましたのでつい斯う云ってしまいました。

　この語を聞いて土神は俄かに顔いろを変えました。そしてこぶしを握りました。

「何だ。狐？　狐が何を云い居った。」

　樺の木はおろおろ声になりました。

「何も仰っしゃったんではございませんがちょっとしたらご存知かと思いましたので。」

【11】アンドロメダ
アンドロメダは当時、星雲（宇宙を漂うガスや塵の集まり）と考えられていた。その後望遠鏡の性能が良くなると、ガスではなくたくさんの恒星が集まったもので、私たちの住む銀河系と同じ銀河であることがわかった。地球から約250万光年の距離で一番近い大型の渦巻銀河。

「狐なんぞに神が物を教わるとは一体何たることだ。えい。」

　樺の木はもうすっかり恐くなってぷりぷりぷりぷりゆれました。

　土神は歯をきしきし噛みながら高く腕を組んでそこらをあるきまわりました。その影はまっ黒に草に落ち草も恐れて顫えたのです。

「狐の如きは実に世の害悪だ。ただ一言もまことはなく卑怯で臆病でそれに非常に妬み深いのだ。うぬ、畜生の分際として。」

　樺の木はやっと気をとり直して云いました。

「もうあなたの方のお祭も近づきましたね。」

　土神は少し顔色を和げました。

「そうじゃ。今日は五月三日、あと六日だ。」

　土神はしばらく考えていましたが俄かにまた声を暴らげました。

「しかしながら人間どもは不届だ。近頃はわしの祭にも供物一つ持って来ん、おのれ、今度わしの領分に最初に足を入れたものはきっと泥の底に引き擦り込んでやろう。」土神はまたきりきり歯噛みしました。

　樺の木は折角なだめようと思って云ったことがまたもや却ってこ

【12】オリオン

オリオン座は冬の代表的な星座で、主星のベテルギウスは冬の大三角の一角をなす。オリオンのベルトと呼ばれるの三つ星の下に大星雲がある。

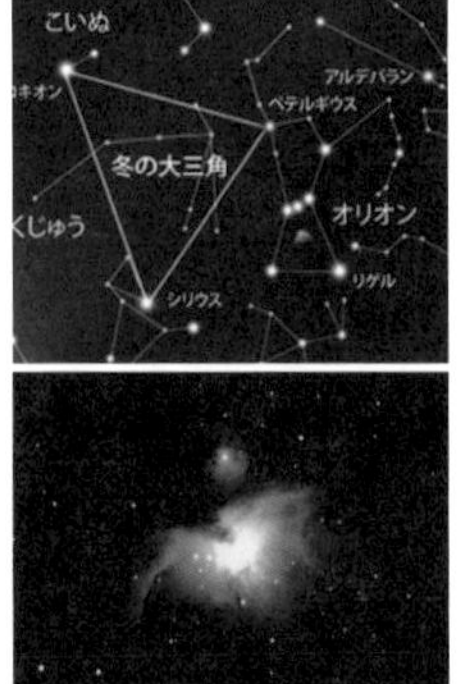

上:オリオン座の位置(国立天文台)　下:オリオン大星雲

【13】猟犬座のは渦巻き

上:猟犬座の位置(国立天文台)　下:M51銀河(NASA)

猟犬座は春に見られる星座で明るい星を結んだ春の大三角形のすぐ上(北側)に見

んなことになったのでもうどうしたらいいかわからなくなりただちらちらとその葉を風にゆすっていました。土神は日光を受けてまるで燃えるようになりながら高く腕を組みキリキリ歯噛みをしてその辺をうろうろしていましたが考えれば考えるほど何もかもしゃくにさわって来るらしいのでした。そしてとうとうこらえ切れなくなって、吠えるようになって荒々しく自分の谷地に帰って行ったのでした。

(三)

土神の棲んでいる所は小さな競馬場ぐらいある、冷たい湿地で苔やからくさやみじかい蘆などが生えていましたがまた所々にはあざみやせいの低いひどくねじれた楊などもありました。

水がじめじめしてその表面にはあちこち【22】赤い鉄の渋が湧きあがり見るからどろどろで気味も悪いのでした。

そのまん中の小さな島のようになった所に丸太で拵えた高さ一間

える。猟犬座と北斗七星の間にはM51という渦巻銀河があり、子持ち銀河として有名。

【14】環状星雲

こと座にあるリング状の星雲で、地球から約2300光年の距離にある。星雲の中心にはかつてあった恒星が寿命を終えて収縮した白色矮星があり、そのとき放出されたガスが白色矮星の光に反射してドーナツのように光っている。緑がかった惑星のように見えることから、惑星状星雲ともいわれる。

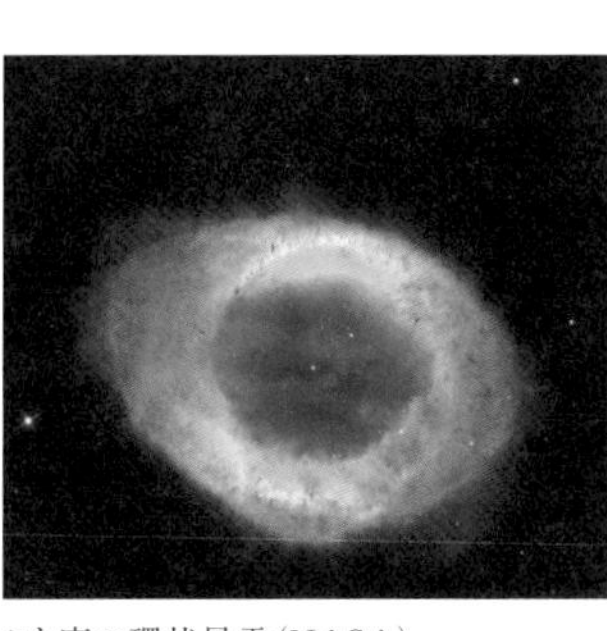

こと座の環状星雲（NASA）

ばかりの土神の祠があったのです。

土神はその島に帰って来て祠の横に長々と寝そべりました。そして黒い瘠せた脚をがりがり掻きました。土神は一羽の鳥が自分の頭の上をまっすぐに翔けて行くのを見ました。すぐ土神は起き直って「しっ」と叫びました。鳥はびっくりしてよろよろっと落ちそうになりそれからまるではねも何もしびれたようにだんだん低く落ちながら向うへ遁げて行きました。

土神は少し笑って起きあがりました。けれどもまたすぐ向うの樺の木の立っている高みの方を見るとはっと顔色を変えて棒立ちになりました。それからいかにもむしゃくしゃするという風にそのぼろぼろの髪毛を両手で掻きむしっていました。

その時谷地の南の方から一人の木樵がやって来ました。[23] **三つ森山**の方へ稼ぎに出るらしく谷地のふちに沿った細い路を大股に行くのでしたがやっぱり土神のことは知っていたと見えて時々気づかわしそうに土神の祠の方を見ていました。けれども木樵には土神の形は見えなかったのです。

【15】魚口星雲 こと座の環状星雲がリング状であるのを、魚の口にたとえたと考えられる。

【16】水沢の天文台 岩手県奥州市水沢星ガ丘町にある現在の国立天文台水沢キャンパスのこと。明治期に臨時緯度観測所として開設され、賢治も当時の施設を何度も訪問していた。

旧水沢臨時緯度観測所本館。現在は奥州宇宙遊学館として使用されている

【17】望遠鏡を独乙のツァイスに注文してある 賢治の時代は、望遠鏡といえばドイツの

土神はそれを見るとよろこんでぱっと顔を熱(ほて)らせました。それから右手をそっちへ突(つ)き出して左手でその右手の手首をつかみこっちへ引き寄せるようにしました。すると奇体(きたい)なことは木樵はみちを歩いていると思いながらだんだん谷地の中に踏(ふ)み込んで来るようでした。それからびっくりしたように足が早くなり顔も青ざめて口をあいて息をしました。すると土神は右手のこぶしをゆっくりぐるっとまわしました。すると木樵はだんだんぐるっと円(まる)くまわって歩いていましたがいよいよひどく周章(あわ)てだしてまるではあはあはあはあしながら何べんも同じ所をまわり出しました。何でも早く谷地から遁げて出ようとするらしいのでしたがあせってもあせっても同じ処(ところ)を廻(まわ)っているばかりなのです。とうとう木樵はおろおろ泣き出しました。そして両手をあげて走り出したのです。土神はいかにも嬉(うれ)しそうににやにやにやにや笑って寝そべったままそれを見ていましたが間もなく木樵がすっかり逆上(のぼ)せて疲(つか)れてばたっと水の中に倒(たお)れてしまいますと、ゆっくりと立ちあがりました。そしてぐちゃぐちゃ大股にそっちへ歩いて行って倒れている木樵のからだを向うの草はらの方へ

カール・ツァイス社の製品がメジャーで、レンズが特に優れていた。1608年、ドイツ生まれのハンス・リッペルシーがオランダで世界初の実用的な望遠鏡を作ったと言われ、その後ガリレオやケプラー、シャイナーといった天文学者が改良していった。日本では江戸時代に初めて輸入され、それを模倣して国内製造されていたが、明治期に入って各国からの輸入が再開された。

【18】南風
風は吹いてくる方向によって呼び方が決まるので、南から北に吹く風を南風という。

【19】金牛宮
黄道12星座のおうし座にあたる。午前3時ころ東の空に上がってくるとあるから、7月中頃だろう。

ぽんと投げ出しました。木樵は草の中にどしりと落ちてううんと云いながら少し動いたようでしたがまだ気がつきませんでした。

土神は大声に笑いました。その声はあやしい波になって空の方へ行きました。

空へ行った声はまもなくそっちからはねかえってガサリと樺の木の処にも落ちて行きました。樺の木ははっと顔いろを変えて日光に青くすきとおりせわしくせわしくふるえました。

土神はたまらなそうに両手で髪を掻きむしりながらひとりで考えました。おれのこんなに面白くないというのは第一は狐のためだ。狐のためよりは樺の木のためだ。狐と樺の木とのためだ。けれども樺の木の方はおれは怒ってはいないのだ。樺の木を怒らないためにおれはこんなにつらいのだ。樺の木さえどうでもよければ狐などはなおさらどうでもいいのだ。おれはいやしいけれどもとにかく神の分際だ。それに狐のことなどを気にかけなければならないというのは情ない。それでも気にかかるから仕方ない。樺の木のことなどは忘れてしまえ。ところがどうしても忘れられない。今朝は青ざめて

【20】溶けた銅の汁をからだ中に被ったように

古来より日本では、八百万の神といってあらゆるものに神がやどるとされ、神社等が建てられる以前から、人々は山や巨木、巨石等に依りつく神をまつってきた。物語に登場する「土の神」もそうした土地神の一柱なのだろう。溶けた銅の汁というのは、鉱石を溶かした時に出る銅成分の液体を指していると考えられること

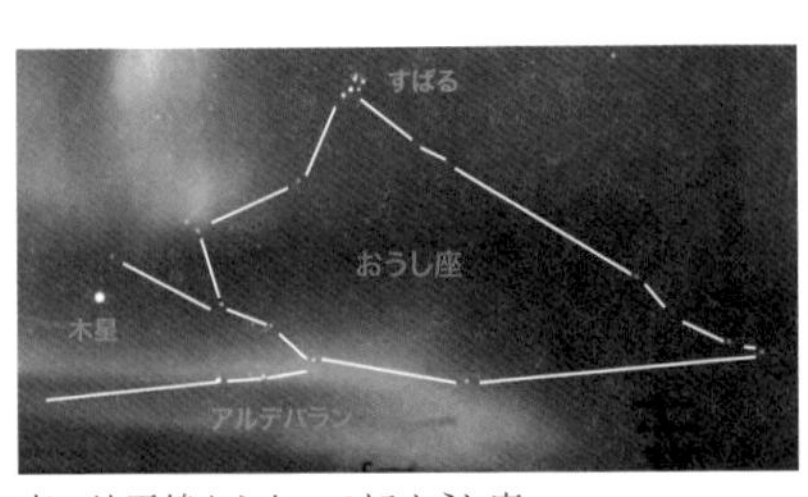

東の地平線から上ってくるおうし座

顫えたぞ。あの立派だったこと、どうしても忘られない。おれはむしゃくしゃまぎれにあんなあわれな人間などをいじめたのだ。けれども仕方ない。誰だってむしゃくしゃしたときは何をするかわからないのだ。

土神はひとりで切ながってばたばたしました。空をまた一疋の鷹が翔けて行きましたが土神はこんどは何とも云わずだまってそれを見ました。

ずうっとずうっと【24】遠くで騎兵の演習らしいパチパチパチパチ塩のはぜるような鉄砲の音が聞えました。そらから青びかりがどくどくと野原に流れて来ました。それを呑んだためかさっきの草の中に投げ出された木樵はやっと気がついておずおずと起きあがりしきりにあたりを見廻しました。

それから俄かに立って一目散に遁げ出しました。三つ森山の方へまるで一目散に遁げました。

土神はそれを見てまた大きな声で笑いました。その声はまた青ぞらの方まで行き途中から、バサリと樺の木の方へ落ちました。

から、鉱山付近にまつられている神とも考えられる。なお、有用な金属資源を取り除いた残りかすは鉱滓と呼ばれ、鉱山周辺に捨てられる。

鉱石を溶かして金属資源を取り出した後の鉱滓

【21】黒い土

黒い土は黒土あるいは黒ボク土といわれ、腐食した植物（有機物）と火山灰で構成されている。有機物の効力で植物の生育が良い。この物語の舞台と考えられる岩手山山麓の緩傾斜一帯はこの黒い土が広く分布している

樺の木はまたはっと葉の色をかえ見えない位こまかくふるいました。

土神は自分のほこらのまわりをうろうろうろうろ何べんも歩きまわってからやっと気がしずまったと見えてすっと形を消し融けるようにほこらの中へ入って行きました。

(四)

八月のある[25]霧のふかい晩でした。土神は何とも云えずさびしくてそれにむしゃくしゃして仕方ないのでふらっと自分の祠を出ました。足はいつの間にかあの樺の木の方へ向っていたのです。本当に土神は樺の木のことを考えるとなぜか胸がどきっとするのでした。そして大へんに切なかったのです。このごろは大へんに心持が変ってよくなっていたのです。ですからなるべく狐のことなど樺の木のことなど考えたくないと思ったのでしたがどうしてもそれがおもえて仕方ありませんでした。おれはいやしくも神じゃないか、一本の

【22】赤い鉄の渋が湧きあがり
谷間や湿地では、赤褐色の地下水が浸み出していることがある。これは地下水の中に含まれる鉄分が鉄バクテリアのはたらきで酸化して赤さびのようになっているものである。土神は銅だけでなく鉄とも縁深いことが読み取れる。

赤さびた地下水が流れ出している場所

樺の木がおれに何のあたいがあると毎日毎日土神は繰り返して自分で自分に教えました。それでもどうしてもかなしくて仕方なかったのです。殊にちょっとでもあの狐のことを思い出したらまるでからだが灼けるくらい辛かったのです。

土神はいろいろ深く考え込みながらだんだん樺の木の近くに参りました。そのうちとうとうはっきり自分が樺の木のとこへ行こうとしているのだということに気が付きました。すると俄かに心持がおどるようになりました。ずいぶんしばらく行かなかったのだからことによったら樺の木は自分を待っているのかも知れない、どうもそうらしい、そうだとすれば大へんに気の毒だというような考が強く土神に起って来ました。土神は草をどしどし踏み胸を踊らせながら大股にあるいて行きました。ところがその強い足なみもいつかよろよろしてしまい土神はまるで頭から青い色のかなしみを浴びてつっ立たなければなりませんでした。それは狐が来ていたのです。もうすっかり夜でしたが、ぼんやり月のあかりに澱んだ霧の向うから狐の声が聞えて来るのでした。

【23】三つ森山
岩手山の北東山麓にある小高い山。一本木はその南東に当たる。

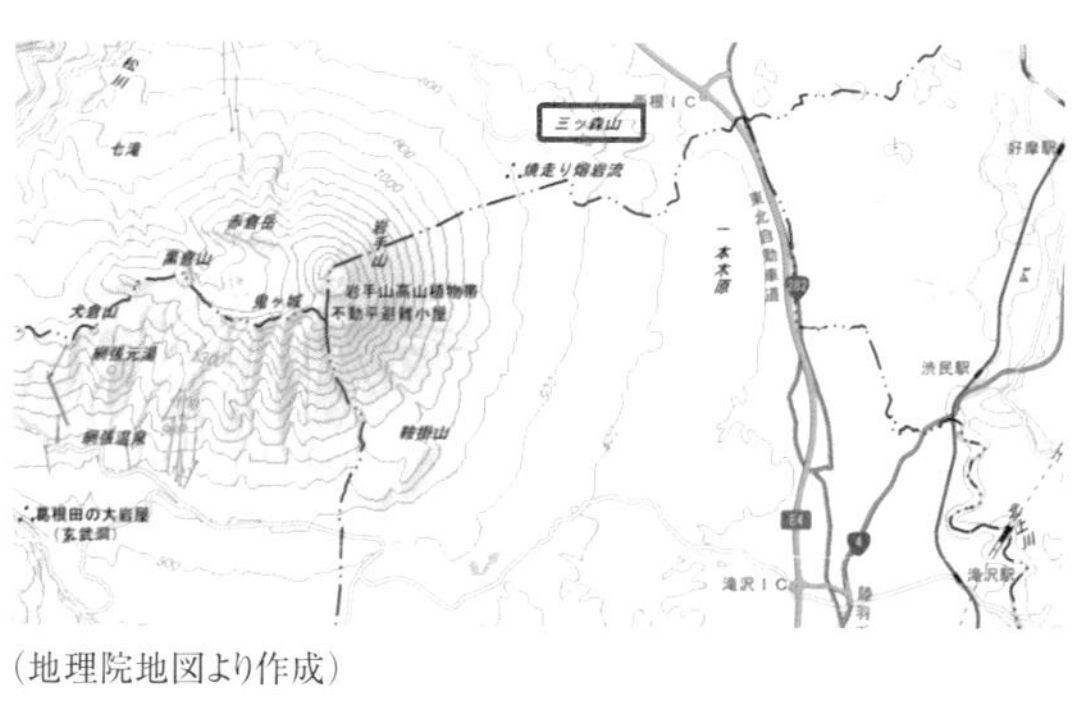

（地理院地図より作成）

【24】遠くで騎兵の演習らしい……音
三つ森山のすぐ南にある一本木原には旧陸軍の演習場があり、現在でも陸上自衛隊の駐屯地になっている。

「ええ、もちろんそうなんです。器械的に【26】対称の法則（シインメトリー）にばかり叶っているからってそれで美しいというわけにはいかないんです。それは死んだ美です。」

「全くそうですわ。」しずかな樺（かば）の木の声がしました。

「ほんとうの美はそんな【27】固定した化石した模型のようなもんじゃないんです。対称の法則に叶うって云（い）ったって実は対称の精神を有（も）っているというぐらいのことが望ましいのです。」

「ほんとうにそうだと思いますわ。」樺の木のやさしい声がまたしました。土神は今度はまるでべらべらした桃（もも）いろの火でからだ中燃（も）やされているようにおもいました。息がせかせかしてほんとうにたまらなくなりました。なにがそんなにおまえを切なくするのか、高（たか）が樺の木と狐（きつね）との野原の中でのみじかい会話ではないか、そんなものに心を乱されてそれでもお前は神と云えるか、土神は自分で自分を責めました。狐がまた云いました。

「ですから、どの美学の本にもこれくらいのことは論じてあるんです。」

【25】霧
霧は秋の季語でもあるように、秋・冬にかけて出ることが多いが、北海道や東北地方では夏にも霧がかかることがある。6～8月にかけての太平洋高気圧の発達が弱いと、オホーツク海高気圧からの冷たく湿った北東風が北海道や東北地方に吹

（地理院地図より作成）

「美学の方の本沢山おもちですの。」樺の木はたずねました。

「ええ、よけいもありませんがまあ日本語と英語と独乙語のなら大抵ありますね。伊太利のは新らしいんですがまだ来ないんです。」

「あなたのお書斎、まあどんなに立派でしょうね。」

「いいえ、まるでちらばってますよ、それに研究室兼用ですからね、あっちの隅には顕微鏡こっちにはロンドンタイムス、[28]**大理石のシィザア**がころがったりまるっきりごったごたです。」

「まあ、立派だわねえ、ほんとうに立派だわ。」

ふんと狐の謙遜のような自慢のような息の音がしてしばらくしいんとなりました。

土神はもう居ても立っても居られませんでした。狐の言っているのを聞くと全く狐の方が自分よりはえらいのでした。いやしくも神ではないかと今まで自分で自分に教えていたのが今度はできなくなったのです。ああつらいつらい、もう飛び出して行って狐を一裂きに裂いてやろうか、けれどもそんなことは夢にもおれの考えるべきことじゃない、けれどもそのおれというものは何だ結局狐にも劣っ

き、太平洋の海岸や内陸の平野に濃霧を発生させる。この風をやませといい、冷害の原因となる。

【26】対称の法則
動植物や結晶の形態などに見られる左右対称性は、自然界で最も普遍的な一般法則。そこに美しさや安定感を見出せることから、人工の建築物や芸術作品にも対称性がしばしば用いられる。

【27】固定した化石した模型
遺骸や足跡など、地質時代の生物の痕跡を化石という。ここでは、すでに時代に合わなくなってなくなっている考え方が化石のようにそのまま残っている、という意味で使われている。

【28】大理石のシィザア
大理石は石灰岩がマグマの熱で性質を変えられて（変成）できた石。白色のものが多く、石材として建材に使われるほか、

たもんじゃないか、一体おれはどうすればいいのだ、土神は胸をかきむしるようにしてもだえました。

「いつかの望遠鏡まだ来ないんですの。」樺の木がまた言いました。

「ええ、いつかの望遠鏡ですか。まだ来ないんです。なかなか来ないです。欧州航路は大分混乱してますからね。来たらすぐ持って来てお目にかけますよ。[29]**土星の環**なんかそれぁ美しいんですからね。」

土神は俄かに両手で耳を押えて一目散に北の方へ走りました。だまっていたら自分が何をするかわからないのが恐ろしくなったのです。

まるで一目散に走って行きました。息がつづかなくなってばったり倒れたところは三つ森山の麓でした。

土神は頭の毛をかきむしりながら草をころげまわりました。それから大声で泣きました。その声は時でもない雷のように空へ行って野原中へ聞えたのです。土神は泣いて泣いて疲れてあけ方ぼんやり自分の祠に戻りました。

彫刻の素材にも利用される。「大理石のシィザア」は古代ローマの政治家シーザー（ユリウス・カエサル）の大理石像のこと。

【29】土星の環

惑星には周囲に氷の粒や塵などが集まってできた環を持つものがある。１６１０年にはガリレオが自作の望遠鏡を使って土星を観察していたが、その周囲にあるのが環であるとは認識していなかった。その後、ホイヘンスが１６５５年に初めて環であることを確認、発表した。

土星とその環（NASA）

（五）

そのうちとうとう秋になりました。樺の木はまだまっ青でしたがその辺のいのころぐさはもうすっかり黄金いろの穂を出して風に光りところどころすずらんの実も赤く熟しました。

あるすきとおるように黄金いろの秋の日土神は大へん上機嫌でした。今年の夏からのいろいろなつらい思いが何だかぼうっとみんな立派なもやのようなものに変って頭の上に環になってかかったように思いました。そしてもうあの不思議に意地の悪い性質もどこかへ行ってしまって樺の木なども狐と話したいなら話すがいい、両方ともうれしくてはなすのならほんとうにいいことなんだ、今日はそのことを樺の木に云ってやろうと思いながら土神は心も軽く樺の木の方へ歩いて行きました。

樺の木は遠くからそれを見ていました。

そしてやっぱり心配そうにぶるぶるふるえて待ちました。

土神は進んで行って気軽に挨拶(あいさつ)しました。

「樺(かば)の木さん。お早う。実にいい天気だな。」

「お早うございます。いいお天気でございます。」

「【30】天道(てんとう)というものはありがたいもんだ。春は赤く夏は白く秋は黄いろく、秋が黄いろになると葡萄(ぶどう)は紫(むらさき)になる。実にありがたいもんだ。」

「全くでございます。」

「わしはな、今日は大へんに気ぶんがいいんだ。今年の夏から実にいろいろつらい目にあったのだがやっと今朝(けさ)からにわかに心持ちが軽くなった。」

樺の木は返事しようとしましたがなぜかそれが非常に重苦しいことのように思われて返事しかねました。

「わしはいまなら誰(だれ)のためにでも命をやる。みみずが死ななけぁならんならそれにもわしはかわってやってていいのだ。」土神は遠くの青いそらを見て云(い)いました。その眼も黒く立派でした。

樺の木はまた何とか返事しようとしましたがやっぱり何か大へん

【30】天道というものはありがたいもんだ
天道とは太陽のこと。太陽の動きが規則正しいことから、転じて変わらない自然の摂理を意味する。

重苦しくてわずか吐息(といき)をつくばかりでした。

そのときです。狐(きつね)がやって来たのです。

狐は土神の居るのを見るとはっと顔いろを変えました。けれども戻るわけにも行かず少しふるえながら樺の木の前に進んで来ました。

「樺の木さん、お早う、そちらに居(お)られるのは土神ですね。」狐は赤革(あかがわ)の靴(くつ)をはき茶いろのレーンコートを着てまだ夏帽子(なつぼうし)をかぶりながら斯(こ)う云いました。

「わしは土神だ。いい天気だ。な。」土神はほんとうに明るい心持で斯う言いました。狐は嫉(ねた)ましさに顔を青くしながら樺の木に言いました。

「お客さまのお出(い)での所にあがって失礼いたしました。これはこの間お約束(やくそく)した本です。それから望遠鏡はいつかはれた晩にお目にかけます。さよなら。」

「まあ、ありがとうございます。」と樺の木が言っているうちに狐はもう土神に挨拶もしないでさっさと戻りはじめました。樺の木はさっと青くなってまた小さくぷりぷり顫(ふる)いました。

土神はしばらくの間ただぼんやりと狐を見送って立っていましたがふと狐の赤革の靴のキラッと草に光るのにびっくりして我に返ったと思いましたら俄かに頭がぐらっとしました。狐がいかにも意地をはったように肩をいからせてぐんぐん向うへ歩いているのです。土神はむらむらっと怒りました。顔も物凄くまっ黒に変ったのです。美学の本だの望遠鏡だのと、畜生、さあ、どうするか見ろ、といきなり狐のあとを追いかけました。樺の木はあわてて枝が一ぺんにがたがたふるえ、狐もそのけはいにどうかしたのかと思って何気なくうしろを見ましたら土神がまるで黒くなって嵐のように追って来るのでした。さあ狐はさっと顔いろを変え口もまがり風のように走って遁げ出しました。

土神はまるでそこら中の草がまっ白な火になって燃えているように思いました。青く光っていたそらさえ俄かにガランとまっ暗な穴になってその底では赤い焔がどうどう音を立てて燃えると思ったのです。

二人はごうごう鳴って汽車のように走りました。

「もうおしまいだ、もうおしまいだ、望遠鏡、望遠鏡、望遠鏡」と狐は一心に頭の隅のとこで考えながら夢のように走っていました。

向うに小さな【31】**赤剥げの丘**がありました。狐はその下の円い穴にはいろうとしてくるっと一つまわりました。それから首を低くしていきなり中へ飛び込もうとして後あしをちらっとあげたときもう土神はうしろからぱっと飛びかかっていました。と思うと狐はもう土神にからだをねじられて口を尖らして少し笑ったようになったまままぐんにゃりと土神の手の上に首を垂れていたのです。

土神はいきなり狐を地べたに投げつけてぐちゃぐちゃ四、五へん踏みつけました。

それからいきなり狐の穴の中にとび込んで行きました。中はがらんとして暗くただ【31】**赤土**が奇麗に堅められているばかりでした。土神は大きく口をまげてあけながら少し変な気がして外へ出て来ました。

それからぐったり横になっている狐の屍骸のレーンコートのかくしの中に手を入れて見ました。そのかくしの中には茶いろなかもが

【31】赤剥げの丘／赤土　樺の木や土神の住む地域は黒い土が分布していたが、狐が住むところはさらに南の方で赤土で、いずれも関東から東北にかけての代表的な土壌である。柔らかい黒土に比べ、赤土は有機物を含まない粘質の火山灰土である。赤剥げは、鉄分を多く含む火山岩が風化し表面が赤っぽくなった状態。

やの穂が二本はいって居ました。土神はさっきからあいていた口をそのまままるで途方（とほう）もない声で泣き出しました。

その泪（なみだ）は雨のように狐（きつね）に降り狐はいよいよ首をぐんにゃりとしてうすら笑ったようになって死んで居たのです。

column

星の一生

きつねくん、顔色悪いけど大丈夫？

う、うん……。

きつねくんにはちょっと怖いお話だったよね。

このお話は賢治作品の中でも、人間の負の感情や攻撃性を正面から描いていて、特に結末にはショックを受ける人も多いかもしれないね。

気分転換に星の話をしようか。きつねが樺の木に星のでき方を話すシーンがあったよね。ここをくわしく見ていこう。

星の一生

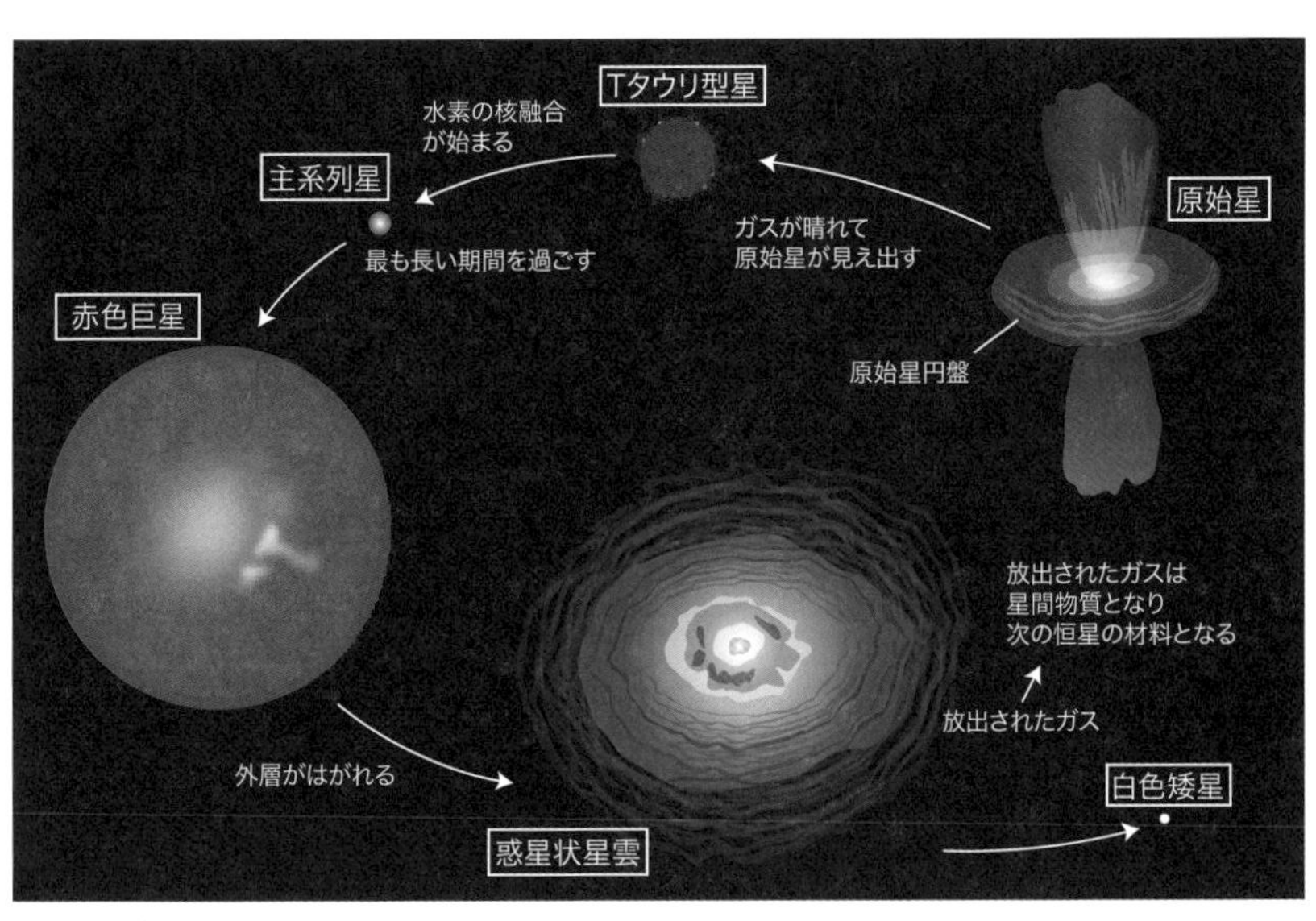

星の誕生

きつねが「星というものははじめはぼんやりした雲のようなもんだったんです」と言っているように、星は暗黒星雲（他の恒星の光を遮るほど濃い星間ガスや塵の集まり）の中で生まれる。

星間ガスの濃い部分が、回転しながらガス自身の重力で収縮し、その際の落下エネルギーで高温になる。重力エネルギーによって光も発するようになるが、周囲のガスに阻まれて光は外からは見えない。この状態を原始星という。

原子星のモデル図（NASA）

成長期から成人期

原始星の周囲にはさらに星間物質が引き寄せられ、円盤状になって回転し始める。そして原始星円盤から原始星に落ちこもうとしたガスが、入りきれずに原始星の磁場に沿ってジェット噴出する。また、内部では星間塵が衝突を繰り返し、微惑星が作られる。

やがて、周囲のガスが晴れて外から光が見えるようになると、星として輝き出す（Tタウリ型星）。

こうして成長してきた星は、さらに重力収縮が進んで中心温度が１０００万度（ケルビン）になると、水素の核融合が始まる。この段階に達した星を主系列星という。

老人期から死後

核融合反応がどんどん進むと、中心部にヘリウムが溜まってヘリウム核ができ、外側では水素の燃焼反応が始まって星は膨張を始める。膨張すると表面の温度が下がるので、光が赤っぽくなる（赤色巨星）。

赤色巨星の半径が大きくなり表面の重力が小さくなると、星の外層がはがれて広がり、球殻状の惑星状星雲をつくる。このガスはふたたび新たな恒星が生まれるための材料となる。

星雲の中心には高温の小さな天体（白色矮星）が残されるが、もはや核融合を起こさず、しだいに冷えて暗くなっていく。

星が非常に重かった場合は、膨張のすえに中心部で核融合反応がさらに進み、超新星爆発を起こしてガスが飛び散ってしまったり、あとに中性子星やブラックホールができる場合もある。

このように、星の一生は、特に最後はその星の質量によって決まる。

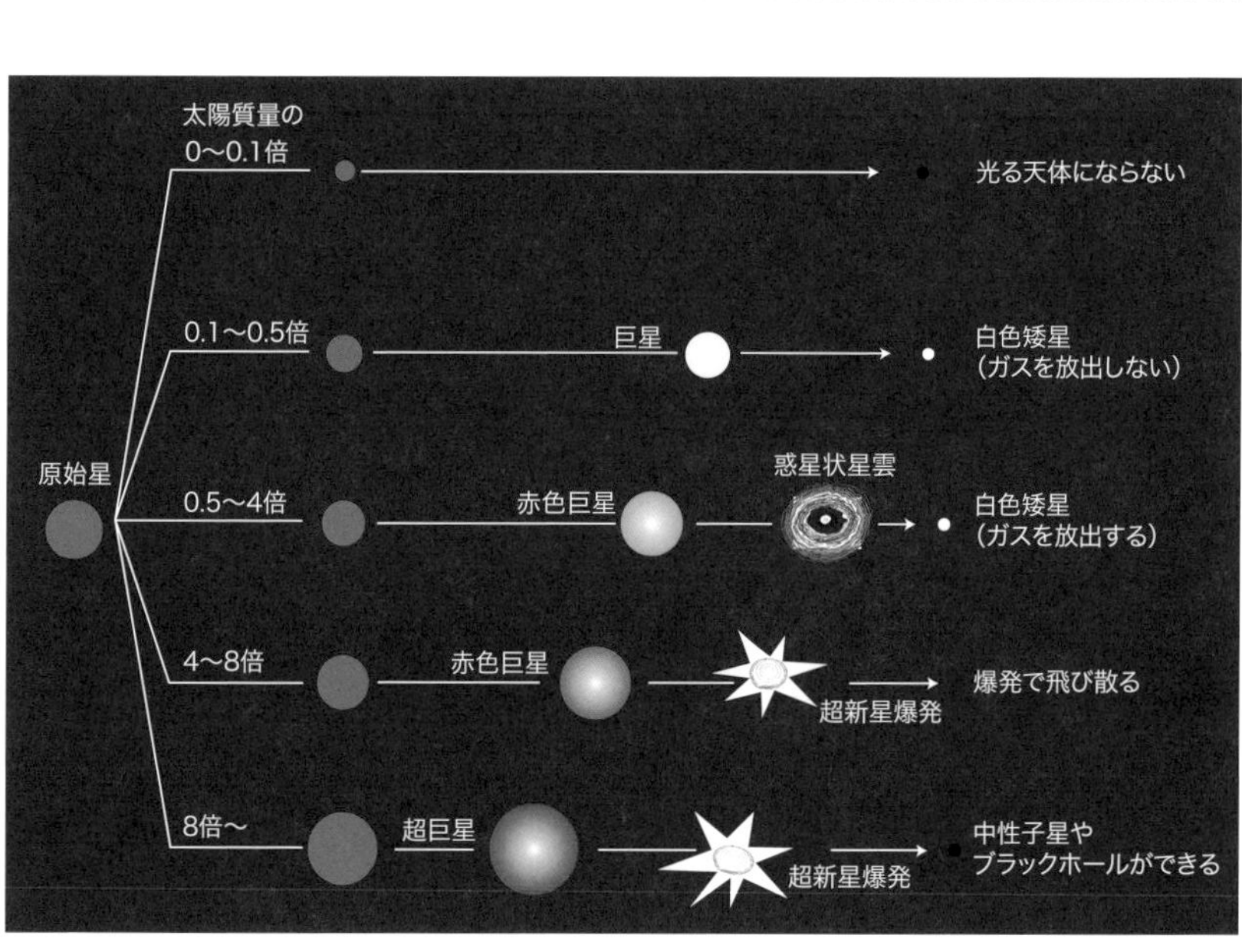

天沢退二郎編「宮澤賢治略年譜」(『ユリイカ』臨時増刊第九巻第十号所収)などをもとに作成

年	できごと	満年齢
	その後も生徒たちをよくこの川原に案内し、地層の観察や地学の講義をする	26歳
	9月:「稗貫郡土性調査報告書」を作成し郡に提出	
1923年	5月:花巻農学校開校式で自然災害の克服を描いた戯曲「飢餓陣営」を生徒たちと上演する	
	7~8月:生徒の就職依頼のため樺太に旅行	27歳
	9月1日:関東大地震(死者・不明者約10万5000人、花巻付近は震度3弱)	
1924年	5月:生徒を引率して北海道へ修学旅行	28歳
1925年	1月:三陸へ旅行する	
	11月:東北大学の早坂教授を案内して北上川でクルミの化石を採集。これはバタグルミの化石で、賢治は日本での最初の採集者となった	29歳
1926年	1月:岩手国民高等学校(成人学校)に講師として招かれる。講義内容は「農民芸術」	
	3月:花巻農学校を依願退職する	
	8月:私塾「羅須地人協会」を創立。実家の別宅で昼は農作業、夜は農民たちを集めて科学や農業技術などを教えた。その他エスペラント語や農民芸術の講義、楽団の結成など、さまざまな活動を行っていた	30歳
1927年	夏:肥料設計や稲作指導に熱心に取り組む	31歳
1928年	6月:伊豆大島へ旅行	
	夏~冬:東北地方は凶作にみまわれる。稲の病気と干ばつの対策に明け暮れた賢治も、発熱したり肺炎にかかる	32歳
1931年	2月:東北砕石工場に就職。技師として石灰(タンカル)のセールスに奔走するが、9月に再び病床につく	35歳
1933年	3月3日:昭和三陸地震津波が起きる(死者・不明者約3000人)	
	9月20日:病状は悪化していたが、農民の肥料相談に対応する	37歳
	9月21日:容態が急変し亡くなる	

宮沢賢治と地学の関わり

年	できごと	満年齢
1896年	6月15日：明治三陸地震津波が起きる（死者約2万2000人）	
	8月27日：岩手県稗貫郡（現・花巻市）に生まれる	0歳
	8月31日：陸羽地震が起きる（死者約200人）	
1903年	4月：小学校に入学。この年、東北地方は大飢饉にみまわれる	7歳
1906年頃	近くの豊沢川での石拾いや、昆虫標本づくりに熱中する 「石ッコ賢コ」というあだ名で呼ばれる	10歳
1909年	4月：岩手県立盛岡中学校（現・盛岡第一高等学校）に入学	13歳
1910年	6月：岩手山に初登山。石拾いよりも本格的な鉱物採集を始める	14歳
1912年	5月：修学旅行で仙台へ行く	16歳
1914年	3月：盛岡中学校卒業	18歳
1915年	4月：盛岡高等農林学校（現・岩手大学農学部）に首席で入学 農学科で土壌学を専門に学ぶ	19歳
1916年	3月：農学科第2学年の修学旅行で関西へ行く 7月：関豊太郎教授のもと、同級生と盛岡付近の地質調査を行う 8月：東京・上野の帝室博物館（現・国立博物館）で多くの美しい鉱物を目にし、宝石商への夢が芽生える 9月：関教授の引率で同級生と秩父・長瀞・三峰地方へ旅行し土性・地質を調査見学する	20歳
1917年	8月：同級生と江刺郡（種山高原一帯）を地質調査。後に童話「種山ヶ原」のもとになる	21歳
1918年	3月：盛岡高等農林学校を卒業 4月：同校の研究生として稗貫郡土性調査につく	22歳
1919年	2月：東京で宝石商を営む試みをするが、失敗に終わる	23歳
1920年	5月：研究生終了。助教授に推薦されるが辞退する	24歳
1921年	12月：稗貫郡立稗貫農学校（後の県立花巻農学校）教諭になる	25歳
1922年	8月：北上川の川原を「イギリス海岸」と名づけ、同じタイトルのエッセイ風の童話を書く	26歳

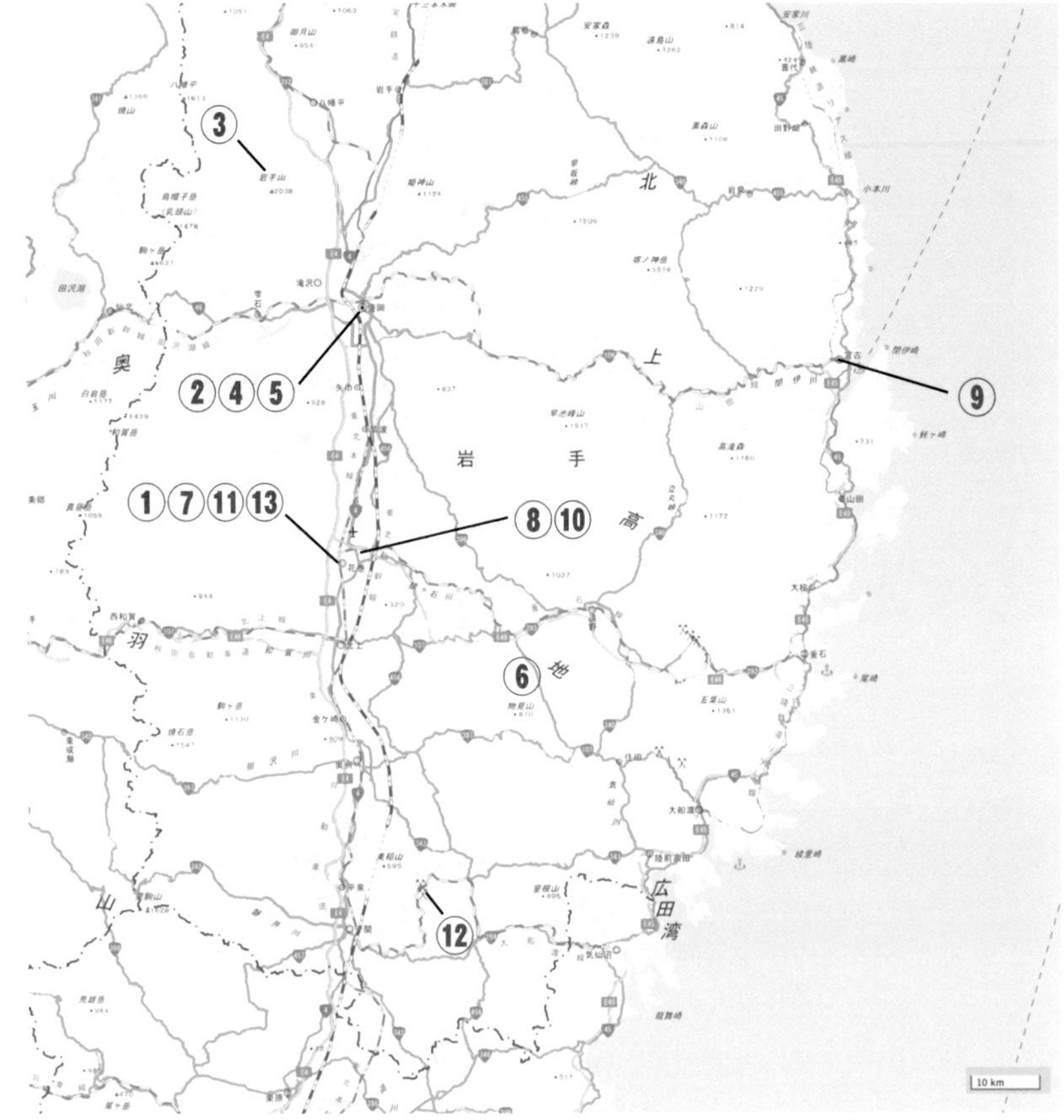

（地理院地図をもとに作成）

①岩手県稗貫郡（現・花巻市）に生まれる（1896年8月27日）
②岩手県立盛岡中学校に入学（1909年4月）
③岩手山に初登山（1910年6月）
④盛岡高等農林学校に入学（1915年4月）
⑤関教授のもと、盛岡付近の地質調査を行う（1916年7月）
⑥同級生と種山高原一帯を地質調査（1917年8月）
⑦稗貫農学校（後の花巻農学校）の教諭になる（1921年12月）
⑧花巻付近の北上川岸を「イギリス海岸」と名づける（1922年8月）
⑨三陸へ旅行（1925年1月）
⑩早坂教授と北上川でクルミの化石を採集。のちに新種と判明（1925年11月）
⑪私塾「羅須地人協会」を創立（1926年8月）
⑫東北砕石工場に就職し、石灰（タンカル）のセールスを始める（1931年2月）
⑬花巻で亡くなる（1933年9月21日）

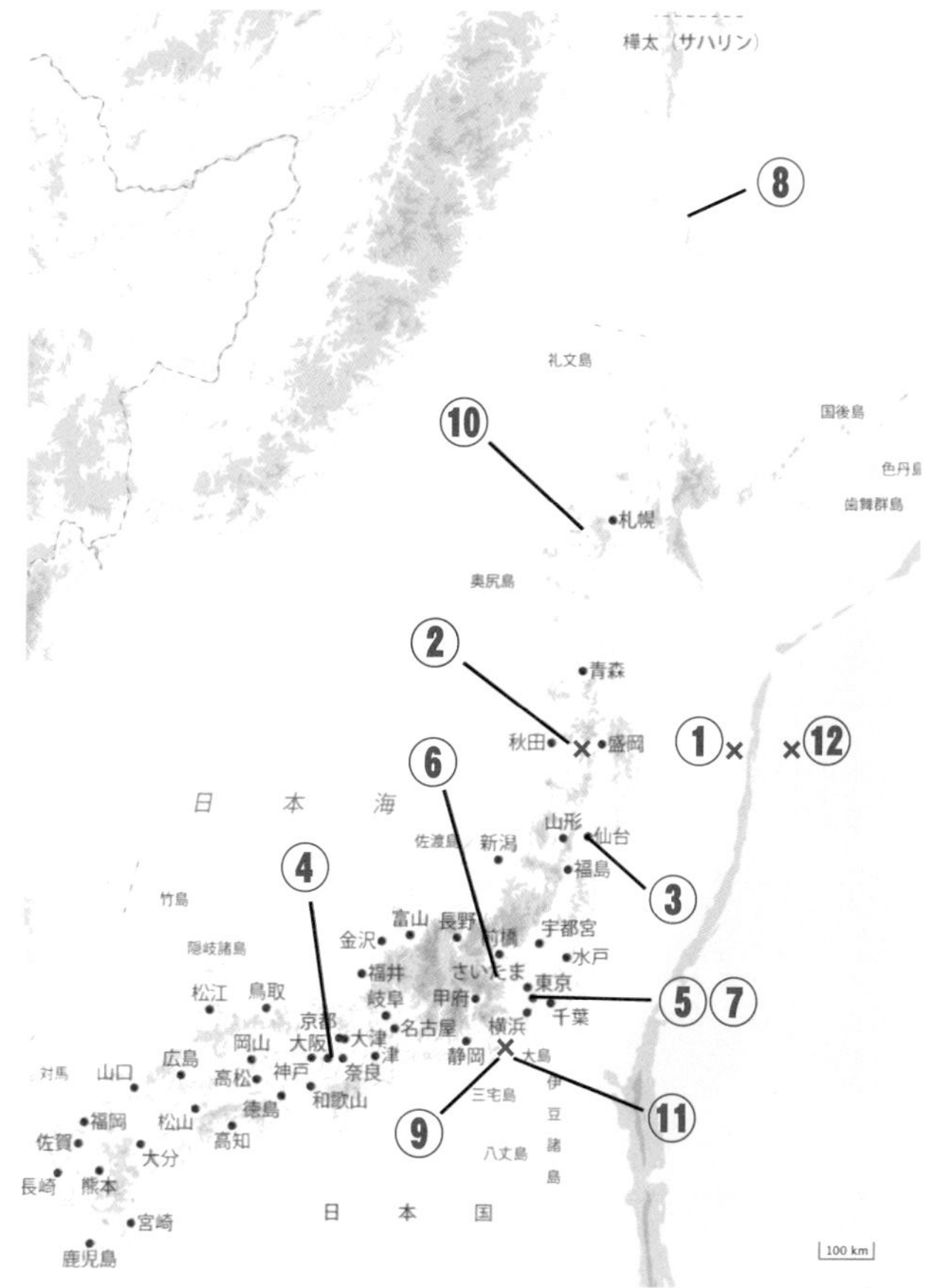

（地理院地図をもとに作成）

①明治三陸地震津波が発生（1896年6月15日）
②陸羽地震が発生（1896年8月31日）
③盛岡中学校の修学旅行で仙台へ（1912年5月）
④盛岡高等農林学校の修学旅行で関西へ（1916年3月）
⑤東京・上野の帝室博物館（現・国立博物館）を訪問（1916年8月）
⑥関教授の引率で秩父・長瀞・三峰地方を旅行（1916年9月）
⑦東京で宝石商を営む試みをするが失敗（1919年2月）
⑧生徒の就職依頼のため樺太へ（1923年7～8月）
⑨関東大地震発生（1923年9月1日）
⑩花巻農学校の生徒を引率して北海道へ修学旅行（1924年5月）
⑪伊豆大島へ旅行（1928年6月）
⑫昭和三陸地震津波が発生（1933年3月）

磯崎行雄ほか『地学基礎(改訂版)』啓林館、2017年

磯崎行雄ほか『地学(改訂版)』啓林館、2017年

柴山元彦『宮沢賢治の地学教室』創元社、2017年

守谷英一「宮澤賢治が書いた生活誌 『グスコーブドリの伝記』に描かれた生業と生活の姿」『東北芸術工科大学紀要』No.25、2018年

柴山元彦『宮沢賢治の地学実習』創元社、2019年

■ 参考ウェブサイト

奥州宇宙遊学館　http://uchuyugakukan.com/

産業技術総合研究所　地質図Navi　https://gbank.gsj.jp/geonavi/

国土地理院　地理院地図　https://www.gsi.go.jp/

気象庁　天気図　http://www.jma.go.jp/

仙台管区気象台　https://www.jma-net.go.jp/sendai/

Earth Explorer - Home – USGS　https://earthexplorer.usgs.gov/

NASA Image Galleries・NASA
https://www.nasa.gov/multimedia/imagegallery/index.html

大阪市立長居植物園　https://www.nagai-park.jp/n-syoku/index.html

東京農工大学農学部生物生産学科蚕学研究室
http://web.tuat.ac.jp/~kaiko/

■ 参考文献

早坂一郎「岩手県花巻町産化石胡桃に就いて」『地学雑誌』第38集 第444号、1926年

梅田三郎「東北の凶饉についての統計的調査」『農業気象』20巻3号、1965年

草下英明『宮沢賢治と星』學藝書林、1975年

宮城一男『農民の地学者　宮沢賢治』築地書館、1975年

宮城一男『宮沢賢治　地学と文学のはざま』、玉川大学出版部、1977年

宮城一男『宮沢賢治の生涯　石と土への夢』筑摩書房、1980年

高村毅一・宮城一男『宮澤賢治科学の世界　教材絵図の研究』筑摩書房、1984年

宮沢清六『兄のトランク』筑摩書房、1987年

泉秀樹(原作)・山田えいし(作画)『宮沢賢治』岩手日報社、1989年

別役実『イーハトーボゆき軽便鉄道』リブロポート、1990年

天沢退二郎『宮沢賢治の彼方へ』筑摩書房、1993年

加藤碵一『宮澤賢治の地的世界』愛智出版、2006年

ネイチャー・プロ編集室『宮沢賢治イーハトヴ自然館　生きもの・大地・気象・宇宙との対話』東京美術、2006年

亀井茂・照井一明『宮沢賢治　早池峰山麓の岩石と童話の世界』イーハトーヴ団栗団企画、2009年

ＪＡ大井川「水稲の赤枯れ症状　水稲の生理障害」2010年

北出幸男『宮沢賢治と天然石』青弓社、2010年

加藤碵一・青木正博『賢治と鉱物』工作舎、2011年

加藤碵一『宮澤賢治地学用語辞典』愛智出版、2011年

高橋直美「宮沢賢治論　『土神ときつね』異読」『東洋大学ライフデザイン学研究』7、2012年

亀井茂・照井一明『宮沢賢治岩手山麓を行く』イーハトーヴ団栗団、2012年

白木健一・大江昌嗣「風野又三郎の「大循環」とジェット気流」『宮沢賢治研究Annual』第24号、2014年

大江昌嗣・白木健一「賢治の大気大循環への着想と緯度観測所の観測」『宮沢賢治研究Annual』第25号、2015年

「特集宮沢賢治生誕120年」『月刊地図中心』日本地図センター、2016年

おわりに

宮沢賢治は37才という若さでこの世を去ったが、その間に残した作品は膨大で、なかなかすべてを読み切ることはできない。それでもいくつかの作品を読むだけで、すぐに数多くの地学的用語に出会えるほど、賢治は地学の知識を豊富に持っていた。地学のとっつきにくい内容を文学を通してわかりやすく描き、普及させることにおいて、宮沢賢治を超える人物は、科学が大幅に発展した今の時代になっても、現れていないように思う。賢治は、まさに地学の伝道師ともいえるだろう。

宮沢賢治の作品を通して地学の基礎を学ぶことを目的として、これまで『宮沢賢治の地学教室』『宮沢賢治の地学実習』（創元社）を刊行してきたが、いずれも地学の解説に重点を置いていたため、賢治作品の引用は一部分にとどまっていた。しかし、引用していない部分にも多くの地学的要素が隠れており、文学作品として味わうためには、より長い引用が望ましいと常々感じていた。また、読者からも全体を通して読みたいとの要望をいただいたので、本書では作品の全文を載せ、地学に関係する部分について、脚注で簡単な説明を添える形式とした。これまでのシリーズ同様、文学を通して地学の面白さを知っていただくと同時に、賢治作品のテーマや表現の奥深さについても改めて注目していただければと思う。

本書をまとめる上では、多くの先輩諸氏の著作などを参考にさせていただいた。地学的解説の部分については地学教員である寺戸真さん、加藤誠夫さん、和田充弘さん、西村昌能さんからもご意見を頂戴した。イラストの一部は藤原真理さんにお願いし、ほか多くの図版はＴＳスタジオの田中聡さんに清書していただいた。そして、今回も相変わらず複雑な形式となった本書をundersonの堀口努さんがきれいにデザインしてくださり、fuuyanmさんがすてきな装画や扉絵で飾ってくださった。そして、編集では太田明日香さんや創元社の小野紗也香さんにも大変お世話になった。これらの方々に改めてお礼申し上げます。

柴山元彦

宮沢賢治（みやざわ・けんじ、1896～1933）
岩手県花巻市出身の詩人、童話作家。幼少より鉱物採集や山歩きを好み、盛岡高等農林学校（現在の岩手大学農学部）卒業後は、教員として岩手県立花巻農学校で地学や農学を教えた。その後も近在の農家に肥料相談や稲作指導を行ったり、東北砕石工場で技師として働いたりしていたが、37歳の若さで病没。仕事のかたわら、生涯を通じて数多くの詩や童話、短歌などの文学作品を残した。

柴山元彦（しばやま・もとひこ）
自然環境研究オフィス代表、理学博士。NPO法人「地盤・地下水環境ＮＥＴ」理事。
1945年大阪市生まれ。大阪市立大学大学院博士課程修了。38年間高校で地学を教え、大阪教育大学附属高等学校副校長も務める。定年後、地学の普及のため「自然環境研究オフィス（NPO）」を開設。近年は、NHK文化センター、朝日カルチャーセンター、産経学園などで地学講座を開講。
著書に『ひとりで探せる川原や海辺のきれいな石の図鑑』1・2、『宮沢賢治の地学教室』『宮沢賢治の地学実習』（いずれも創元社）などがある。

宮沢賢治の地学読本

2020年7月30日　第1版第1刷　発行
2021年8月10日　第1版第2刷　発行

作　者　宮沢賢治
編　者　柴山元彦
発行者　矢部敬一
発行所　株式会社　創元社
https://www.sogensha.co.jp/
本　社　〒541-0047　大阪市中央区淡路町4-3-6
Tel. 06-6231-9010（代）　Fax. 06-6233-3111
東京支店　〒101-0051　東京都千代田区神田神保町1-2 田辺ビル
Tel. 03-6811-0662

印刷所　株式会社ムーブ
装丁・組版　堀口 努（underson）
装画・扉絵　fuuyanm
図版作成　田中聡（TSスタジオ）、藤原真理
編集協力　太田明日香

ISBN978-4-422-44023-1　C0044